高等教育艺术设计精编教材

二维手绘动画制作

梁恩瑞　编　著

清华大学出版社

北　京

内 容 简 介

本书以课堂为平台,以创作为目的,系统地介绍了二维手绘动画制作的过程。全书内容共分为 9 章。第一～三章介绍了二维动画的制作样式、角色场景的设计、原动画的绘制等内容。第四～八章主要阐述了动画运动的原理,人的头部动作及人的走、跑、跳的动作,动物的运动及自然现象的运动规律。第九章讲述了二维动画的后期合成技术。除了讲述传统手绘动画的制作方法外,在各章还加入了许多软件的制作方法,使全书更具实用性。

全书通过提供翔实的实物资料,图文并茂、合理生动地表现角色动作的技术,避免了大篇空谈理论的做法。立足于动画企业的制作标准,适应现代课堂教学的需求。力争让每位学员都能学到实用的动画技术,为动画创作打下良好的基础。

本书内容丰富实用、深入浅出,既可作为本科和高职高专的动画以及数字媒体相关专业的教材,又可作为相关从业人员、研究人员和动画设计与制作人员及动画爱好者的入门教材。

图书在版编目(CIP)数据

二维手绘动画制作/梁恩瑞编著. --北京:清华大学出版社,2016 (2025.1重印)

高等教育艺术设计精编教材

ISBN 978-7-302-42316-4

Ⅰ. ①二… Ⅱ. ①梁… Ⅲ. ①动画制作软件-高等学校-教材 Ⅳ. ①TP391.41

中国版本图书馆 CIP 数据核字(2015)第 287065 号

责任编辑:张龙卿
封面设计:徐日强
责任校对:刘 静
责任印制:杨 艳

出版发行:清华大学出版社
   网 址:https://www.tup.com.cn,https://www.wqxuetang.com
   地 址:北京清华大学学研大厦 A 座   邮 编:100084
   社 总 机:010-83470000   邮 购:010-62786544
   投稿与读者服务:010-62776969,c-service@tup.tsinghua.edu.cn
   质量反馈:010-62772015,zhiliang@tup.tsinghua.edu.cn
   课件下载:https://www.tup.com.cn,010-83470410
印 装 者:三河市铭诚印务有限公司
经 销:全国新华书店
开 本:210mm×285mm 印 张:11.25 字 数:318千字
版 次:2016 年 1 月第 1 版 印 次:2025 年 1 月第 9 次印刷
定 价:67.00 元

产品编号:063787-02

前　言

　　运动性和造型性可以被看作动画的两个重要特征,其中运动性是动画的主体和目的。正如加拿大著名的动画大师诺曼·麦克拉伦(Norman McLaren)所说:"动画不是'会动的画'的艺术,而是'画出来的运动'的艺术。"这句话阐明了动画内容的根本,即相对于电影、戏剧等艺术而言,动画不是客观实体的运动,而是完全虚拟的"幻觉"。动画的运动,是人为创造出来的运动,既要符合现实中真实的力学原理,又要通过对客观物体运动的观察、分析、研究、提炼,并用动画片的表现手法,使之在银幕上活动起来,因此,动画片表现物体的运动规律既以客观物体的运动规律为基础,又有它自己的特点,而不是简单的模拟。因此无论是二维动画、三维动画、定格动画或是其他任何类型的动画作品,角色的动作设计都是衡量这部动画片制作质量优劣的决定性因素之一。

　　二维手绘动画制作、动画运动规律等课程就是针对学习动画运动而开设的理论与实践相结合的动画专业的必修课程。《二维手绘动画制作》一书正是配合这几门课程而编写的教材,这本教材主要讲解动画的运动规律,包括物体的基本运动规律、人和动物的运动规律、自然现象的运动规律等内容,这些运动规律无论在哪类动画片的创作中都是必需的,无论是三维动画短片的创作、影视的加工还是游戏的制作或 Flash 网络动画的创作等,只要是牵涉"动"的艺术都要涉及运动的规律。因此学习运动规律是动画创作的前提,也是动画专业的学生区别其他视觉艺术专业的重要标志之一。

　　本书共有以下几大特点。

　　(1) 全书图文并茂,通俗易懂,理论与实际操作并重,同时介绍了一些经典动画片的动作设计,具有较强的实用性。

　　(2) 本书加入二维动画的角色场景以及后期合成的章节,使二维手绘动画制作的全过程可以较为完整地体现,系统性较强。

　　(3) 本书除了讲述传统手绘动画制作之外,在各章节还加入了许多软件的制作方法,使全书更具实用性。

　　(4) 本书对动画运动的理论知识进行梳理和归纳,并从中筛选出最重要的理论进行了阐述。

　　(5) 本书是作者多年动画教学的结晶,适合课程的编排和应用。

　　同时,也希望此书能为广大的动画爱好者提供一个开阔视野的机会,起到抛砖引玉的作用。

　　尽管作者写作本书过程中付出了很多努力,但是由于作者的水平有限,编写时间短促,仍难免有疏漏和不足之处,希望同行、专家及广大读者不吝指正。

编　者

2015 年 9 月

目　录

二维手绘动画制作

二维手绘动画制作

二维手绘动画制作

第一章
二维动画概论

二维动画是最常见、最古老、最接近绘画艺术的动画形式，它根据视觉残留现象将动态造型绘制在一张张的纸面等平面材料上，通过连续播放产生视觉影像的效果。二维动画的制作经过不断探索，呈现出了丰富多彩的艺术风格。

第一节　动　画　概　述

一、动画片原理

1. 动画意象

动画是人类从原始时代就开始编制的梦想。古人就有捕捉自然界中运动的渴求，现存的资料可追溯到25000年前旧石器时代的西班牙阿尔塔米拉洞穴壁画的许多动物形象中，有一只野猪的尾巴和腿被重复绘画多次，这就使原本静止的形象产生了视觉动感，给人以运动的联想，这是人类试图用笔（或石块）捕捉凝结动作最早的动画实验（如图1-1所示）。

✿ 图1-1　西班牙阿尔塔米拉洞穴的壁画

2. 重叠影像

一连串静止影像的叠合，可以达到连续性动作的效果。正如法国画家马塞尔·杜尚在名画《下楼的裸女：第二号》中，把下楼梯的裸女分割成一块块有线条组成的形状，隐约中可以看到许多互相重叠的连续动作状态。

一组组互相交叉的动作幻影在匆匆中定格（如图 1-2 所示）。而 1884—1885 年美国旧金山摄影师爱德华·慕布里奇拍摄的《下楼的裸女》正是分解动作组照（如图 1-3 所示）。

3．视觉残留

1824 年彼德·马克·罗杰特（Peter Mark Roget）在任教伦敦大学生理学主考官时，向伦敦的皇家协会提交了名为《关于活动物体的视觉留影原理》（*Persistence of Vision with Regard to Moving Objects*）的报告。他在报告中提出："人眼的视网膜在物体被移动前可能有 1 秒钟左右的停留，如果这个形象的动作有足够的速度，观众看静止的画面仍然会有运动的感觉。"这是人类最早提出的关于视觉残留现象的理论。

动画正是利用这种人们眼中的视觉残留现象，将一个个动作分解后的彩色图像绘制在透明的胶片上，再将这一层层的胶片与背景按照定位关系放置在一起，使用摄像机将它们逐格拍摄下来，播放时再以 24 帧／秒（电影）或 25 帧／秒（电视）的速度放映就能够得到连续的画面，观众观看时会产生连续运动的视觉效果。于是我们就可以看到运动的画面，这就是动画产生的原理。

✛ 图 1-2　马塞尔·杜尚 《下楼的裸女：第二号》

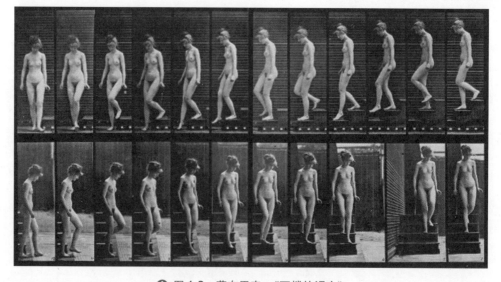

✛ 图 1-3　慕布里奇 《下楼的裸女》

二、动画片特点

1．创作性强

动画运用了逐格拍摄和连续播放的方法，赋予了非生物以生命，物体也才会动起来。因此动画的表现力是极其强大的，不但可以将现实生活中的各种场景还原出不同风格的影像，还可以表现现实生活中无法表现的内容，诸如许多虚幻的场景、夸张的动作、多变的形态等（如图 1-4 所示）。

2．受众无国界

人们读懂一部电影的难度通常要远远大于相同情节信息量下的一部动画片。因为动画片常用视觉动作来推动情节发展等因素，让不同国界的受众都能读懂并接受它，例如，《猫和老鼠》等（如图1-5所示）。

⤊ 图1-4 动画实现虚幻的场景

⤊ 图1-5 《猫和老鼠》

3．动画明星长盛不衰

现实生活中的真人明星，虽可红极一时，但经不起时间的考验，渐渐地淡出人们的脑海。而优秀的卡通明星却是挥之不去的记忆，如迪斯尼的米老鼠、唐老鸭等，虽然诞生已半个多世纪，但人们提起它们时，无不激动万分（如图1-6所示）。

⤊ 图1-6 《米老鼠和唐老鸭》的造型

4．动画衍生产品的收益

动画作品可以依托周边产品形成产业链，达到较好的收益。据说美国动画片《变形金刚》在中国内地电视台播放时没有收一分钱，但靠卖玩具却赚回了50亿元（如图1-7所示）。美国的迪斯尼乐园更是周边产品的经典案例，1955年第一个迪斯尼乐园在洛杉矶建成开放。前7个星期，踊跃去游玩的游客就达到了100万人（如图1-8所示）。

⬆ 图 1-7 《变形金刚》的造型及玩具

⬆ 图 1-8 迪斯尼乐园

在日本,开发一个动画产品时,往往先要对周边产品进行设计与规划。如在播出前一年就开始宣传,并以豪华的阵容发行预售音乐 CD 等。当动画片播出时,相关产品同步开始销售,市场开拓、形象推广等系列工作也即时跟进。这样做的结果是产业链可以很快形成,既减少了推广成本,又降低了风险。

动画片有许多不同类型,以传播途径分类,可分为影院动画片、电视动画片和网络动画片。它们共同的性质是具有造型艺术构成的影像形式、电影语言构成的故事结构、逐格处理的工艺技术产生的运动形态。但是在形象风格、叙事方式、影片长度、质量标准、工艺精度、生产周期等方面,不同的类型又有各自的特点。

1．影院动画片

影院动画片指的是在电影院里放映的长篇剧情动画片,它的叙事结构类似传统戏剧,具有明确的因果关系、鲜明的角色性格,完整的起承转合,以冲突引领剧情前进,最终以解决冲突作为结束。

影院动画片在镜头语言方面包含了丰富的镜头运动、多变化的景别、多层次的色彩与灯光、严谨的场面调度、规范的运动轴线等。导演运用各种视听手段来讲述故事,追求超越实拍电影的视觉冲击。影院动画片中时常运用航拍镜头或是大远景来表现壮阔的画面,这也是影院大屏幕的特殊表现力。在音乐设计方面,影院动画片讲究全片有统一的风格,并且在不干扰剧情发展的情况下,达到烘托气氛、渲染情感的目的。

2．电视动画片

电视动画片指的是专门为了在电视上播放而制作的动画片,一般称为"电视动画系列片"。 在创作方式上追求多、快、好、省的工艺流程。其制作工艺简化、动作设计简单化、背景制作简单化。电视动画片以量取胜,制作成本比影院动画片低廉,播出后要求得到及时的经济效益。电视动画片播出时间有 5 分钟、10 分钟、20 分钟等几种规格。

电视动画片通常有以下几种模式:以讲述固定角色在特定空间发生的故事,例如,《猫和老鼠》《哆啦 A 梦》《蜡笔小新》等;以有特色的人物性格为主线发展剧情,例如,《辛普森家庭》《蝙蝠侠》等;从特定的职业或兴趣爱好出发,描述人群生活的片段,例如,《灌篮高手》《棋灵王》等;表现虚拟的时空与假定的超能力,例如《美少女战士》《七龙珠》等。

3．网络动画片

网络动画片指的是以通过互联网作为最初或主要发行渠道的动画作品,通常具有成本低廉、收看免费、带有实验性质等特点。例如,2000 年 ShowGood 公司推出的《大话三国》、2010 年皮三导演的《泡芙小姐》等(如图 1-9 和图 1-10 所示)。

图 1-9 《大话三国》

图 1-10 《泡芙小姐》

四、二维动画与三维动画

二维动画是最早在纸面上进行绘制,在二维空间上模拟真实的三维空间效果。以纸面绘制为主,是最接近绘画、最常见、最古老的动画形式。

三维动画是近年来随着计算机软硬件技术的发展而产生的新兴动画技术。三维动画软件在计算机中首先建立一个虚拟的世界,设计师在这个虚拟的三维世界中按照要表现的对象的形状尺寸建立模型以及场景,再根据要求设定模型的运动轨迹、虚拟摄影机的运动和其他动画参数,最后按要求为模型赋上特定的材质,并打上灯光。当这一切完成后就可以让计算机自动运算,生成最后的动态画面(如图 1-11 和图 1-12 所示)。

⊕ 图 1-11　三维动画作品(一)

⊕ 图 1-12　三维动画作品(二)

虽然三维动画由于其更具精确性、真实性、无限的可操作性和空间的灵活性而被大量地推广,然而二维动画因其具有独特的魅力和表现风格,依然不能被取代。两者就像话剧和电影、绘画和摄影一样共存。而且三维动画也需要借鉴二维动画的一些法则,并需要按影视艺术的规律来进行创作。

五、二维动画会不会被三维动画所替代

虽然今天三维动画的发展日新月异,三维动画的作品也层出不穷,但是二维动画依然不会消亡。二维动画因其独特的审美而将长期存在,日本和欧洲许多近期的经典动画都是采用二维手绘的形式。所以二维动画与三维动画谁也不能替代谁,反而是两者相互共存、相辅相成、互相促进。

第二节　二维动画的传统制作方法

一、单线平涂动画

单线平涂动画是最常见的二维动画形式,即为单线勾勒轮廓、平涂色块、简单色调层次。一般只有一个色调或者再加上高光和暗部区域。单线平涂动画常用于影院动画片中,如《大闹天宫》《猫和老鼠》《白雪公主》《千与千寻》等(如图1-13所示)。

二、水墨动画

水墨画是中国绘画艺术中的主要画种,历来讲究晕墨造型的技法,墨可分为"焦、浓、重、淡、清"五色,也就是常说的墨分五彩,借助水与墨之间不同的比例,加之纸张和用笔的不同,墨与墨之间相互作用逐渐融合,能够产生丰富的层次和变化效果。我国的水墨动画正是采用传统水墨来加以造型的手法,这种用色彩和块面来造型的手法打破了传统动画制作中只有"单线平涂"手法和简单色调层次的特点,可谓是一次大胆的技术革新,如《小蝌蚪找妈妈》《牧笛》《鹿铃》《山水情》等(如图1-14所示)。

图 1-13　单线平涂动画

图 1-14　《小蝌蚪找妈妈》

三、剪纸动画

剪纸是以纸为主要材料,用剪刀或刻刀剪刻出图形和画面的一种民间艺术形式。中国剪纸讲究刀法、刻法,以剪刻、镂空为主,所用色彩主观性强,色彩鲜艳、浓烈,不拘一格。中国剪纸不像一般绘画作品那样追求完整的空间,而是根据作者的创作构思任意组合,造型多为二维的平面空间,用多点透视法将造型组合,用连续的四维空间表现对时空的理解,主观意象性很强。中国的剪纸动画就是在传统的民间剪纸和皮影戏等基础上发展起来的,它具有造型简洁、色彩鲜艳、纹理朴实、装饰性强并具有浓厚的乡土气息的特点,是一种先剪好角色,然后配上背景,利用角色的关节进行运动的动画形式。如《猪八戒吃西瓜》《张飞审瓜》《狐狸打猎人》等(如图1-15所示)。

⬆ 图 1-15 《张飞审瓜》

四、其他工具绘制的动画

许多绘画工具都可以用来绘制动画片,如彩色铅笔、粉笔、钢笔、蜡笔、油彩、水粉等。因不同绘制工具的不同特性,构成了不同风格的动画形式。如由素描构成的画面动画片《苍蝇》(*The Fly*);由彩色铅笔绘制的动画片《摇椅》(*Crac*,法语)、《青蛙的预言》(*Raining Cats and Frogs*)等;由油画材料绘制的动画片《老人与海》(*The Old Man and the Sea*);用沙子为视觉材料制作的动画片《娶了鹅的猫头鹰》(*The owl who married a goose*)等(如图 1-16 ~图 1-20 所示)。

⬆ 图 1-16 《苍蝇》

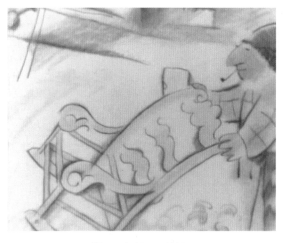

⊕ 图 1-17 《摇椅》

⊕ 图 1-18 《青蛙的预言》

⊕ 图 1-19 《老人与海》

⊕ 图 1-20 《娶了鹅的猫头鹰》

五、直接绘制的动画

直接绘制的动画是不需要进行逐格拍摄的,是一种直接在胶片、沙子、黑板上直接绘制的动画片形式,比如我们常见的沙动画表演等。这种形式的动画通常艺术性较强（如图 1-21 所示）。

⊕ 图 1-21 在胶片上直接绘制实验动画片

✛ 图 1-21 （续）

六、针幕动画

1932 年俄裔法国籍动画大师亚历山大·阿雷克塞耶夫（Alexandre Alexeieff）与妻子克莱儿·派克（Claire Parker）发明了针幕动画。

所谓的针幕动画就是在金属板上钻出几百万个针孔，通过滑轮将针放在确定的位置，因为针眼的深浅变化形成不同层次的阴影，呈现出线条与造型，然后逐格拍摄成动人心魄的影片。利用冰冷、坚硬的钢板与钢针，借着动画艺术家的创意，通过针眼变化与灯光的设计，创作出动画中的活泼、创意、幽默、想象力以及哲理，针幕动画所表达出来的柔韧张力与意境是其他的动画技巧所不可比拟

✛ 图 1-22　针幕动画《脑海》（ Le Paysagiste ）

的。这一技术打破了绘画是静止的观念，可以实现一些传统停格动画所无法完成的特效，并且风格独特、强烈。它特有的诡谲气息、亦静亦动的变幻效果和流动的意象营造出了慑人的气氛（如图 1-22 所示）。

第三节　二维动画的新型制作样式

随着计算机技术的发展和人们对动画技法的不断探索，越来越多的二维动画新型制作样式不断地涌现出来。下面列举了一些二维动画的新型制作样式，但这些样式的"新"不是时间上的"新"，而是有别于完全徒手绘制而言。

一、三维动画的二维渲染

三维动画的二维渲染是指在三维软件中制作造型和动作，然后再通过材质设定，渲染成二维动画的样式。这

种方法大大避免了二维动画空间穿透性弱、摄像机角度修改困难等缺点，又可以实现二维动画的审美需求，例如，法国动画短片 *Le Building* 等（如图 1-23 所示）。

⬆ 图 1-23 *Le Building*

二、无纸动画

无纸动画就是不用在动画纸张上绘制，而是在计算机上完成全部制作过程的动画技术。它采用"数位板＋计算机＋CG软件"的全新工作流程，参与动画片制作的人员，既可通过计算机进行绘制台本、设计稿、原画、动画，又可进行修形、动检、上色和特效等工作，同时还可对每一镜头数据进行实时监控，以及对产量信息进行计算等。其绘画方式与传统的纸上绘画十分接近，因此动画家很容易地从纸上绘画过渡到这一平台上（如图 1-24 和图 1-25 所示）。

⬆ 图 1-24 在液晶屏上直接绘制

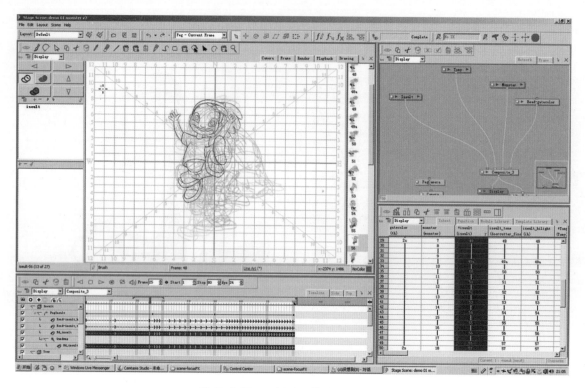

⊕ 图 1-25　无纸动画软件 Harmony

三、动画与实拍结合

1. 动画和真人结合

一些动画影片运用了二维和真人实拍结合的方式,利用前期的精心安排和后期的巧妙合成,将两种表达手段天衣无缝地结合在一起,达到了很好的效果。如美国影片《欢乐满人间》就是由真人演员和动画角色共同出演,创造出一个两者直接进行互动的神奇世界（如图 1-26 和图 1-27 所示）。

⊕ 图 1-26　《欢乐满人间》

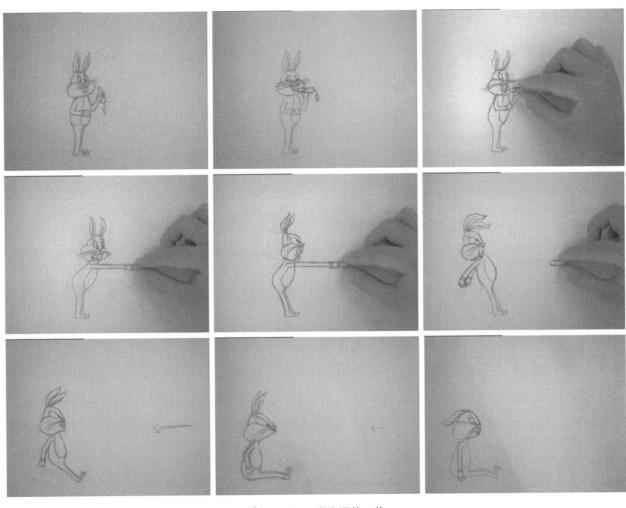

🔼 图 1-27 学生梁倩习作

2. 实景与动画结合

动画与实拍环境的结合是一种新颖的动画方式。首先要进行实景拍摄,利用摄影机的定位跟踪软件等手法,将动画场景中的摄影机位置、焦距大小与实拍时的摄影机匹配,达到"真假结合"的效果。采用实景与动画结合的动画影片有《小胖妞》《神奇飞书》等(如图 1-28 ~ 图 1-32 所示)。

🔼 图 1-28 《小胖妞》

✿ 图1-29 《小胖妞》制作现场

✿ 图1-30 《神奇飞书》

✿ 图1-31 《神奇飞书》制作现场

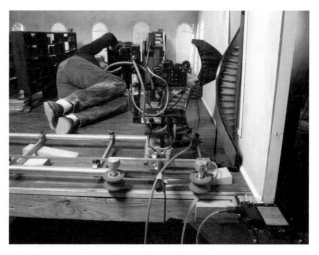

⊕ 图 1-31（续）

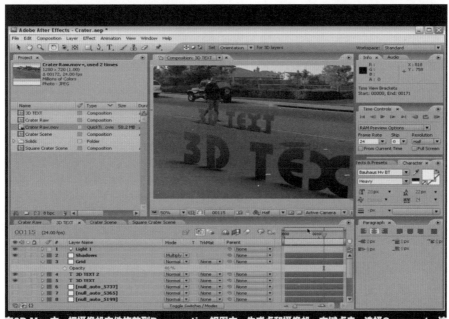

⊕ 图 1-32 实拍和动画相结合

四、先实拍后绘制的手法

先实拍后绘制的手法是先将真实人物的表演拍摄下来,再用软件将其"动画化",或让动画师按照演员的表演,在幕布投影上描绘出人物的轮廓,如此一番下来,便能达到令人叹为观止的影像效果。乍一看像是动画片,仔细观察后发现动画人物的神情举止与真实演员堪称毫厘不差。这种拍摄制作方式主要由真人表演和后期制作两大步骤结合完成,前一步演员只需照常按剧本表演即可,同普通的电影拍摄别无二样;后一步则需要专业动画制作师来完成后期处理(如图 1-33 ~图 1-35 所示)。

✤ 图 1-33 《黑暗扫描仪》

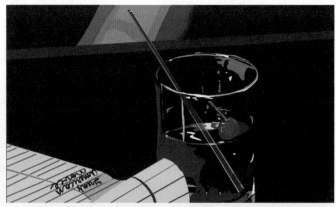

✤ 图 1-34 《半梦半醒的人生》

⬆ 图 1-35　《捷克列车员》

五、投影动画

投影动画是将绘制好的动画影像通过投影,放映到现实生活的场景中,再将投影过程拍摄下来的动画手法。这种手法让动画影像有了生活场景的纹理（如图 1-36 所示）。

⬆ 图 1-36　学生作品《浮光》

思考题

1. 请问二维动画会不会因三维动画的推广而逐渐消亡呢?
2. 请举例说明二维动画的制作样式。

第二章 动画角色与场景

理想的动画造型设计是动画片成功的一半。当我们开始制作一部动画片时，除了一个可以引人入胜的剧本之外，最先想到的就是要设计出影片中人物的形象与场景的风格。这就可以说明，造型艺术在影视动画中占据不可缺少的地位。一部优秀的动画作品，必然会让观众记住当中的独特艺术造型。

第一节 美 术 风 格

绘画作品的风格是多样化的，动画依托绘画风格，其角色的表现形式是多元化的，但不管塑造哪种风格的动画角色都需要过硬的绘画基本功。

1. 写实风格

写实是指按照事物真实的样式进行表达的方式。在造型过程中，动画角色所呈现的是一个"真"字，不管是结构、比例、形状、色彩还是绘制手法，都是按现实人物或动物的真实状态进行创作、设计。写实风格的动画角色，无论是客观物体的再现还是艺术家的想象、再创造，给人的感觉都是真实的，如动画片《草原英雄小姐妹》《小号手》的造型就是根据现实生活中的人物进行创作的（如图 2-1 和图 2-2 所示）。

⚑ 图 2-1 《草原英雄小姐妹》的原型和动画造型

⬆ 图　2-1（续）

⬆ 图 2-2 《小号手》

2．工笔重彩风格

工笔重彩就是指工整细密和敷设重色的中国画。在中国早期的绘画中，工笔重彩占有主要的地位。工笔重彩画又分山水、花鸟、人物等。从古至今工笔重彩画因为它雅俗共赏的特性受到广大人民群众的喜爱。中国动画中就有吸收了这种美术风格的影片，如《骄傲的将军》《一幅僮锦》等（如图 2-3 和图 2-4 所示）。

3．装饰风格

装饰风格的动画，是对造型做一定的图案化处理，色彩上不强调光影与空间的表现，更注重画面的色彩在节奏、统一、协调、组合方式等形式规律方面的应用。装饰风格的作品平面效果突出。装饰风格的动画角色设计，形式感强，有独特的艺术感染力，如动画片《大闹天宫》《两只小孔雀》《南郭先生》《凯尔经的秘密》等（如图 2-5 ～图 2-8 所示）。

✿ 图2-3 《骄傲的将军》

✿ 图2-4 《一幅僮锦》

✿ 图2-5 《大闹天宫》

✿ 图2-6 《两只小孔雀》

✿ 图2-7 《南郭先生》

✿ 图 2-8 《凯尔经的秘密》

4．壁画风格

壁画可以说是最原始的绘画形式，中国的壁画形象生动，充分显示出运思的精巧与技艺的卓绝，成为中国美术的瑰宝。中国动画中的《九色鹿》《鹿女》《夹子救鹿》等作品正是采用了壁画风格（如图 2-9 ～图 2-11 所示）。

✿ 图 2-9 《九色鹿》

✿ 图 2-10 《鹿女》

✿ 图 2-11 《夹子救鹿》

5. 漫画风格

在动画设计中,漫画是一种被采用最多的艺术形式,它的讽刺与幽默、简洁与夸张的风格和动画许多特点不谋而合,它不受时间、空间等条件限制的特点与动画作品处理时空的理念相一致。用漫画风格处理动画角色造型,能更加突出动画角色的比喻性、象征性,漫画风格在形式上的变形简化,使动画角色的人物个性更加鲜明、突出,如动画片《选美记》《老虎装牙》《三个和尚》《黄金梦》《没头脑和不高兴》《男孩和世界》等(如图 2-12 ~图 2-17 所示)。

↑ 图 2-12 《选美记》

↑ 图 2-13 《老虎装牙》

↑ 图 2-14 《三个和尚》

↑ 图 2-15 《黄金梦》

⬆ 图 2-16 《没头脑和不高兴》

⬆ 图 2-17 《男孩和世界》

6. 童话风格

　　动画的最大受众是青少年,所以童话故事一直为动画片提供丰富的题材。动画家在特定的童话情境中去塑造每一个不同特点的童话人物,他们个性鲜明,富有儿童生活气息。这些造型以少年儿童喜爱的动物题材为主,造型非常个性化,遵循人物创作"典型化"的原则。常见的童话风格动画片有《小鲤鱼跳龙门》《舒克和贝塔》《黑猫警长》《邋遢大王奇遇记》等(如图 2-18 ~ 图 2-21 所示)。

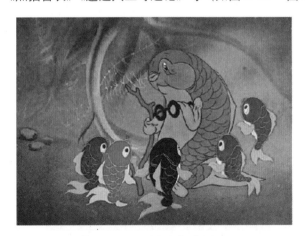

⬆ 图 2-18 《小鲤鱼跳龙门》

⬆ 图 2-19 《舒克和贝塔》

⬆ 图 2-20 《黑猫警长》

⬆ 图 2-21 《邋遢大王奇遇记》

7．版画风格

动画造型还有传统的木刻版画的风格，此风格加强了光影的效果，体现影像的张力的感觉。如加拿大 NFB 的动画家卡洛琳·丽芙的《两姐妹》(*Two Sisters*) 和以色列导演阿里·福尔曼的《与巴什尔跳华尔兹》等（如图 2-22 和图 2-23 所示）。

✞ 图 2-22 《两姐妹》

✞ 图 2-23 《与巴什尔跳华尔兹》

8．抽象风格

抽象风格的动画片，画面中放弃了具体的内容和情节，突出运用点、线、面、色块、构图等纯粹的绘画语言表现内心的感觉、情绪、节奏等抽象的内容。此风格不注重商业利润，多出现于实验动画短片中。如艾里卡·拉塞尔的《三人组舞》、奥斯卡·费钦格的《蓝色构图》、维托尔德·吉尔兹的《斗牛士和公牛》、艾伦·帕克的《迷墙》和乔治·杜宁的《黄色潜水艇》等（如图 2-24 ～图 2-28 所示）。

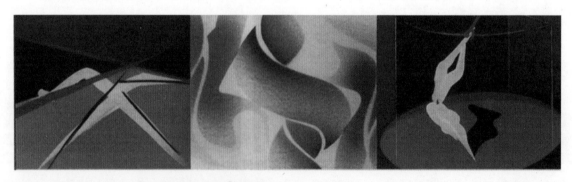

✞ 图 2-24 《三人组舞》

✞ 图 2-25 《蓝色构图》

✞ 图 2-26 《斗牛士和公牛》

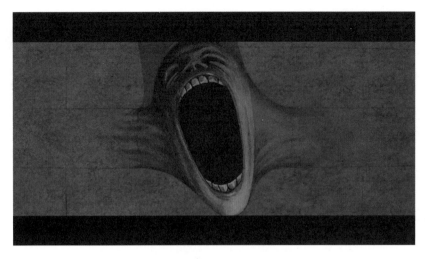

● 图 2-27　《迷墙》

● 图 2-28　《黄色潜水艇》

　　动画自诞生起,注定与绘画艺术密不可分。作为一种独特的电影艺术形式,动画为创作者表达思想与创作灵感提供了最佳载体,与普通影视作品相比,不管是哪种风格的动画,都为动画艺术家情感的释放提供了最大限度的空间。特别是在一些动画短片中,各种绘画风格得以充分表现。

第二节　动画角色

一、造型的产生

1. 从写生中演变

　　写生是训练造型能力的一种很好的方式。写生形象较为客观地反映了写生对象,但写生形象却不能直接适用于动画作品,它必须加以提炼、简化,并对人物的某些特征加以强调才能达到动画作品所要求的标准(如图 2-29 ～图 2-32 所示)。

✿ 图 2-29　从写生中演变的动画造型（一）

✿ 图 2-30　从写生中演变的动画造型（二）

⊕ 图 2-31　由写实造型 B 演变成动画造型 A（一）

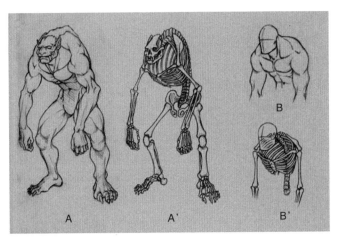

⊕ 图 2-32　由写实造型 B 和 B'演变成动画造型 A 和 A'（二）

2．拼贴组合法

拼贴组合法是将所引用的多个造型通过组合、拼接等手法设计出动画造型。下面的造型就是由两个造型拼贴组合而成的新造型（如图 2-33 和图 2-34 所示）。

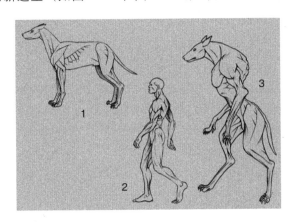

⊕ 图 2-33　由两个造型拼贴组合而成的新造型（一）

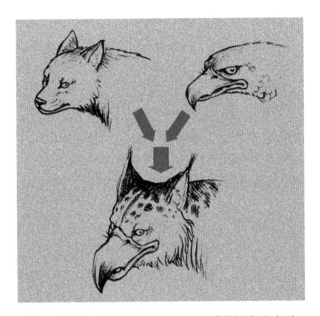

⊕ 图 2-34　由两个造型拼贴组合而成的新造型（二）

二、造型的特征

1．全身比例与结构

一般以头部作为全身比例的衡量标准，即身高由几个头长组成，腰部位于第几个头长的位置，手臂下垂到大腿的何处等。这样全身的比例就基本可以确定了，就可以完成同一人物的造型比例图以及正、背、侧三视图（如图 2-35 和图 2-36 所示）。

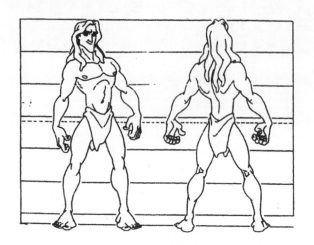

✦ 图 2-35　造型比例图

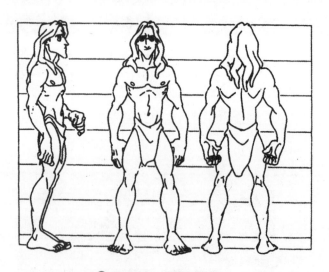

✦ 图 2-36　造型三视图

动画造型的绘制步骤一般为：先画动态线，确定人物形体姿态。然后，可以借助几何图形（球形、椭圆形、各种块状形等）来勾画出角色头部与身体的结构框架。最后再完善四肢与细节（如图 2-37 所示）。

2．画好手、脚

画手首先要加强对手的理解，掌握手的形体特征、解剖结构及其活动规律。手分为腕、掌、指三部分，前侧为掌心、后侧为掌背，拇指侧在外，小指侧在内，从侧面看，手部的形体呈阶梯状，腕、掌、指逐级下降，拇指侧厚，手部掌背微拱，并从示指向小指一侧倾斜，手腕在造型中十分重要但又极易被忽视，手腕的宽度比其厚度多一倍，在接近手臂处稍窄一些，手指是上粗下细的四方体，不要画成粗细一样的圆柱（如图 2-38 和图 2-39 所示）。

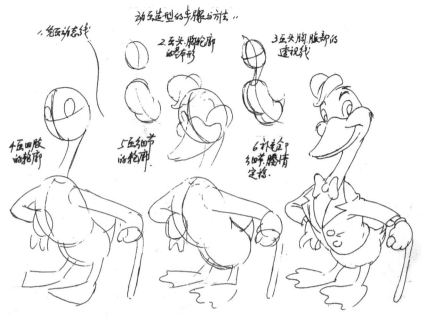

⬆ 图 2-37　动画造型的步骤

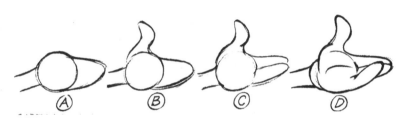

⬆ 图 2-38　手造型的步骤

⬆ 图 2-39　手的动画造型

画脚时,也应注意脚与脚踝的关系,脚掌的外侧线与内侧线,脚掌与脚趾的弯曲关系这三个要点(如图2-40所示)。

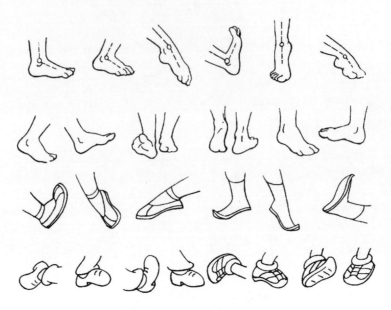

⬆ 图2-40　脚的动画造型

3．典型的动画造型参考（以欧美动画造型为例）

（1）健壮的角色

健壮的角色通常是四肢发达但头脑简单,很少作为主角出现,通常是某个聪明角色或恶棍的喽啰。这个角色的特点是:方形的头、宽肩、瘦腿、棱角分明的下巴、细腰、粗脖子、大手等（如图2-41所示）。

⬆ 图2-41　健壮的角色

（2）愚蠢的角色

愚蠢的角色是精神恍惚、大脑迟缓,在他身边的人可能会因为他而倒霉,他总是无意间给别人造成麻烦。

愚蠢的角色有如下特点:额头小、两眼无神、大鼻子、大手、小下巴或者没有下巴、手臂瘦长、头向前伸低腰、腿瘦、大脚、看上去很懒散等（如图2-42所示）。

✿ 图 2-42　愚蠢的角色

（3）可爱的角色

可爱的角色是一种独特的类型。它可以是一个婴儿或小孩子,也可以是可爱的小动物。这种角色看上去天真无邪,幼稚可爱,需要别人的保护。

可爱的角色的特点是：大头,通常头占身长的 1/3、肚子圆滚突出、眼睛位于头部的中央,小下巴、短圆的手臂和腿、圆鼻头、圆脸颊、臀部和大腿连在一起,脚比较小,等等（如图 2-43 所示）。

✿ 图 2-43　可爱的角色

三、造型的透视

透视作为平面上研究物体空间感和立体感的重要手段,为造型艺术所依赖。运用透视近大远小的规律,可使自然物体在二维平面上产生距离感和立体凹凸感,形成视觉三维的立体空间。透视夸张在动画艺术中的应用是极为广泛的,动画设计师根据剧情、角色个性和视觉效果的需要,在动画动态人物的视觉图形中充分运用透视夸张,达到很强的视觉表现效果。丰富了动画人物造型多样性和艺术性的视觉表现(如图2-44和图2-45所示)。

此外,动画片中的活动形象做纵深运动时,可以与背景画面上通过透视表现出来的纵深距离不一致。例如,表现一个人从画面纵深处迎面跑来,由小到大,如果按照画面透视及背景与人物的比例,应该跑十步,那么在动画片中只要跑五六步就可以了,这就是透视中"近快远慢"的效果。特别是在地平线比较低的情况下,更是如此(如图2-46所示)。

⬆ 图2-44 透视的夸张

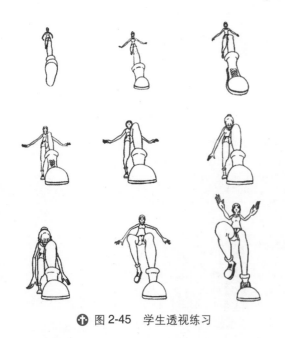

⬆ 图2-45 学生透视练习

⬆ 图2-46 透视中 "近快远慢" 的效果

四、小结

动画造型源于生活,又高于生活,它是一门多种元素结合、综合性很强的艺术。动画造型是对生活、自然中的所有形象,根据动画角色需要进行选择、概括、提炼、综合等,塑造出一个个具有明显个性特征的艺术形式,这种形式符合动画制作的视觉化艺术形象的要求。例如,我国著名艺术家张光宇在创作动画巨作《大闹天宫》中孙悟空的造型时,正是通过不断提炼演变,才形成深入人心的经典角色造型(如图2-47所示)。

⊕ 图 2-47 《大闹天宫》中孙悟空造型的提炼演变

由于受创作者的民族、社会生活经历、立场观点、素质个性等因素的影响,动画造型在表现手法、艺术形式上也呈现出风格各异的艺术特色(如图 2-48~图 2-53 所示)。

⊕ 图 2-48 经典动画片中的造型

⊕ 图 2-49　动画造型赏析（一）

⊕ 图 2-50　动画造型赏析（二）

❖ 图 2-51　动画造型赏析（三）

❖ 图 2-52　动画造型赏析（四）

❖ 图 2-53　动画造型赏析（五）

第三节 动画场景

　　动画场景设计是对影片中除角色造型以外的随着时间变化而变化的一切物体的造型设计，也是整个动画创作中的重要环节。场景为角色表演提供了平台，影响着影片的整体风格和水平。在进行场景设计与制作时，必须按照一定的思维方式来把握动画影片的整体造型形式，遵循视觉艺术审美要求。

一、画面中的景别

　　动画景别即动态画面的构图，是指由于摄影机与被摄体的距离不同，而造成被摄体在摄影机寻像器中所呈现出的范围大小的区别。景别的划分，一般可分为五种，由近至远分别为特写（人体肩部以上）、近景（人体胸部以上）、中景（人体膝部以上）、全景（人体的全部和周围背景）、远景（被摄体所处环境）。不同的景别会给观看者产生不同的视觉效果，景别的变化可以使动画影片出现不同的艺术效果。

1．远景——气氛镜头

（1）特点

① 视野广阔，景深悠远，表现远距离的人物和周围广阔的自然环境和气氛。

② 内容中心往往不明显。远景以环境为主，可以没有人物，有人物也仅占很小的一部分（如图 2-54 所示）。

✚ 图 2-54　远景

（2）作用

① 渲染气氛，抒发感情。

② 展现事物的规模和气势，介绍环境。

③ 作为开篇和结尾的画面。

（3）时间

使用远景的持续时间应在 10 秒钟以上。

2．全景——动作镜头

（1）特点

① 展现某个人、某个事物或场景的全貌，有明显的内容中心。

② 交代了人物之间、人与环境之间的关系（如图 2-55 所示）。

🔅 图 2-55　全景

（2）作用

① 表现场景的全貌或人物的全身动作。

② 作为一场画面的"总角度"，用于确定拍摄角度、人物方向、布光等。

③ 表现人物的外部轮廓。

（3）时间

使用全景时，持续时间应在 8 秒钟以上。

3．中景——叙事镜头

（1）特点

① 人物膝盖以上的部位，但一般不正好卡在膝盖部位，因为卡在关节部位是摄像构图中所忌讳的，比如脖子、腰关节、腿关节、脚关节等。

② 画面远近适宜，给观众一种十分亲切的感觉。

③ 它是影片中常用的景别，为叙事性的景别（如图 2-56 所示）。

🔅 图 2-56　中景

（2）作用

① 以人物的动作、手势等富有表现力的局部为主，环境则降到次要地位。

② 表现人与人之间的关系和感情交流。

（3）时间

使用中景时，持续时间应在 5 秒钟以上。

4．近景——对话镜头

（1）特点

① 人物胸部以上的景别。

② 人物已经基本上充满了整个画面，人物与环境的关系较不明显。

③ 它是影片中常用的景别。

（2）作用

① 用以细致地表现人物的神态、情绪，刻画人物内心。

② 拉近人物与观众的距离，容易产生交流（如图 2-57 所示）。

⬆ 图 2-57　近景

（3）时间

使用近景时，持续时间应在 3 秒钟以上。

5．特写——心理镜头

（1）特点

① 展现人物的某一细节，给观众以深刻的印象，起到放大形象、深化内容的作用。

② 可以表达刻画人物的心理和情绪特点（如图 2-58 所示）。

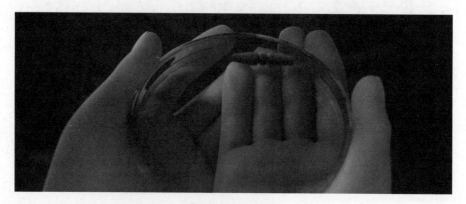

⬆ 图 2-58　特写

③ 特写镜头的运用要适当，滥用就会削弱其表现力。

（2）作用

① 特写的空间感不强，常常被用来做转场过渡和越轴处理。

② 强调一些观众一般不注意的事物。

（3）时间

使用特写时，持续时间应在 1 秒钟以上。

提示：

（1）景别越大，环境因素越多；景别越小，强调因素越多。

（2）常用的景别是中景和近景，通常一部动画片中的大部分景别都是采用中、近景。

（3）不太常用的景别带有很强的情绪化，常常描绘人物的心理特征或抒发情感。

（4）在剪辑中同景别、同方向的画面一般不能相切（除非表现人喝醉后或人头晕时），最好的剪辑是不同景别、不同方向的画面相接。

二、动画场景绘制步骤

1．分析剧本

在动画场景绘制之前，先要仔细地阅读分析动画剧本，了解主题思想以及故事发生的主要环境、故事涉及的主要场所，并与导演以及其他主创人员沟通以达成一致风格。动画场景设计不等同于环境艺术设计，不能只注重视觉效果，却忽视场景的合理性，从而导致创作的失败。

2．搜集素材资料

在分析完剧本后，就要进行资料的搜集整理。可以通过实地考察拍摄、书籍以及网络图片搜集等方式完成。迪斯尼为了创作一部改编自中国题材的动画电影《花木兰》，动画家亲赴中国内地各地取景，搜集了大量资料，并吸收了一批华人动画师参与协作，使作品体现出了浓郁的中国情调（如图 2-59~ 图 2-61 所示）。

图 2-59 《花木兰》的场景设计图（一）

图 2-60 《花木兰》的场景设计图（二）

⬆ 图 2-61　《花木兰》的场景设计图（三）

　　另外，对于科幻、神话、魔幻类题材的动画影片，尽管故事中的场景并不存在现实中，但创作者仍需要通过搜集充足的资料来进行场景的创作。例如，大型 CG 电影《阿凡达》中悬浮在空中美轮美奂的"哈利路亚山"的创作灵感就来自中国张家界，导演卡梅隆派摄影师去张家界考察并拍摄了大量的云海图片，并依据图片发挥想象利用 CG 技术制作出了"哈利路亚山"（如图 2-62 和图 2-63 所示）。

⬆ 图 2-62　张家界的实景

⬆ 图 2-63　《阿凡达》中的"哈利路亚山"

3．研究主题基调

找出影片的基调有助于表现主题,基调往往是通过人物的情绪、造型风格、情节节奏、色彩气氛表现出来的一种情绪特征,可以是快乐幸福,也可以是悲伤痛苦。造型形式直接表现了影片的整体空间结构、色彩结构、绘画风格,关系着影片的成败(如图 2-64 和图 2-65 所示)。

✪ 图 2-64 《魔术师》中的场景

✪ 图 2-65 《番茄酱》(澳大利亚)中的场景

4．主场景的定位

主场景是指剧本中的主要场景,是展开剧情和主要人物活动的空间,在一部动画长片中往往会存在多个主要场景。由于主场景的地位比较重要,所以主场景的设计风格和色彩基调对于整部动画的画面风格有着决定性作用。

5．场景草图绘制

根据搜集的素材,按照剧本的意图进行绘制场景的草图。绘制草图时需要注意的是,主场景要从多角度进行绘制,不仅需要绘制平面图、鸟瞰图等,还需设计角色的活动空间以及行动路线(如图 2-66 所示)。

⬆ 图 2-66　学生场景草图习作

6．最终场景（上色）绘制

　　根据之前的草图，最终完成场景的绘制或制作，最后的场景可直接用于动画片中，因此需要有足够的细节，画面完整，如有需要可以对画面进行分层（如图 2-67 所示）。

⬆ 图 2-67　学生场景上色习作

三、分层画法

1．分层画法的技术

1914 年,温瑟·麦凯创作的动画短片《恐龙葛蒂》大获成功,然而这部短片竟然需要绘制 12000 张画面。《恐龙葛蒂》的每一帧画面,包括背景与画面上所有的运动物体,都要单独在纸上进行绘制,之后再进行拍摄。然而,除了绘制量巨大,这种绘制方法也带来了另外一个问题:细心的观众会发现,在动画片的放映过程中,作为背景的山脉在不停地轻微抖动。

1915 年,埃尔·霍德发明了"赛璐珞动画",将运动的物体与不运动的背景绘制在不同的透明胶片上,叠加后再放置在专用摄影台上进行逐一叠加拍摄。赛璐珞技术不仅使动画工业化成为可能,也被大量应用在低成本动画的制作中。例如,绘制一个闭眼的动画角色,画面中只有男人的眼部和嘴巴在动。动画师将眼部和嘴巴单独分层进行绘制。在有些场合中,动画师甚至让头部不动,只将男人说话的嘴进行分层。这种"能不动则不动"的绘制方式被称为有限动画,常常用于电视动画的制作(如图 2-68 所示)。

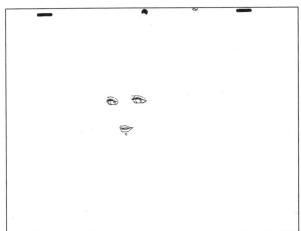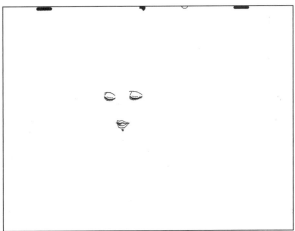

➊ 图 2-68　有限动画中的分层

2．分层的必要性

有些镜头属含有两个人物以上的多人物镜头,或在同一镜头内既有人物又有其他活动的物体(如环境中有流水、烟火或风雪等),这些镜头在绘制时如果都在一层绘画,工作量就会很大,而且银幕效果不一定好。多人物的镜头,人物之间的动作不同,有的动作多,有的动作少,动作节奏也不同,甚至有的人物几乎没有什么动作,或者环境中出现流水、下雨、飘雪等始终不断地在重复的一个动态,所有这些动作与不动的人和物都画在一起,势必引起很多麻烦,不仅增加了许多不必要张张都要画的工作量,而且重描的停格人物的抖动问题也很难解决。另外,如果个别人物的动作要修改,也会影响其他不必改动的人物。如果分成多层来绘制,上面所述的矛盾就很容易解决,既节省了大量的绘画工作,也充分保证了质量。因此,分层画法是一种多快好省的绘制方法(如图 2-69 和图 2-70 所示)。

A. 画面效果

B. 前层动画

C. 后层动画

| ⊕ 图 2-69　动画的分层绘制(一) | ⊕ 图 2-70　动画的分层绘制(二) |

3．分层画法要注意以下几个问题

(1)设计时要考虑主次人物的区别。主要人物一层要先画,再配画次要人物。绘制时虽然分开,但要从整体出发,时时想到他们之间的合成效果。

(2)分层绘制在构思时要考虑人物活动时的构图关系、透视关系及人物大小比例关系。

(3)填写摄影表时应严格按自上而下的顺序填写。

四、运动镜头的绘制

二维动画拍摄运动镜头时不能采用电影拍摄移动镜头、跟镜头、摇镜头等动感镜头的方法,因为二维动画是平面的,其摄影机的视点是固定在立式摄影台上的,拍摄的对象是一张一张画出来的画面,拍摄是一格一格地进行的,所以要想在银幕上获得运动镜头的效果,就要采用适用于动画摄影条件的另一种方法。

从原理上讲,用运动位置的摄影机来连续拍摄静止的景物,就能获得运动镜头的效果。假如改变条件,把不动的景物移动起来适用于固定的、逐格拍摄的摄影机,拍出来的景物不是同样可以获得动感的银幕效果吗?二维动画正是根据这一原理而产生了自己独特的摄影方法,拍摄出运动镜头来。简单地说,就是把摄像机的运动绘制出来。

另外在设计移速时需注意以下问题。

1. 人物前进速度与背景后移速度

当人物的前进速度与背景后移速度完全相等,人物在画面上的构图位置就始终保持不变;当背景后移每格距离小于人物前进的每格距离,人物在画面中的位置就会逐渐向前;当背景后移每格距离大于人物前进的每格距离,人物在画面中的位置就会逐渐向后(如图2-71所示)。

图2-71 人物前进速度与背景后移速度

2. 前后层移速的关系

多层背景拍摄的镜头,为了造成移动要注意多层的相互移速的关系,一般是前层景移速最快,中层景移速较慢,下层景移速最慢。如果是跟物体移动的镜头,移速也要与物体运动速度相等,在此基础上再计算各层移速的比例。

3. 空间透视感

在绘制高大建筑的摇镜头时,要注意空间透视关系,即中间为平行视线,上、下两头为双向透视变化(如图2-72～图2-80所示)。

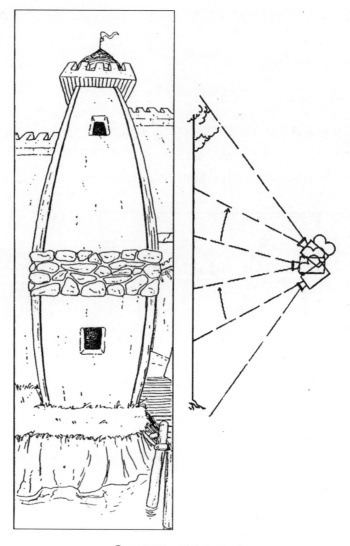

☆ 图 2-72　摇镜头（一）

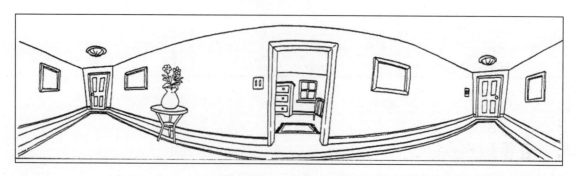

☆ 图 2-73　摇镜头（二）

☆ 图 2-74　摇镜头（三）

✧ 图2-75　横移

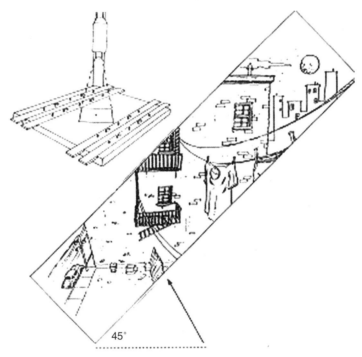

45°

✧ 图2-76　斜移

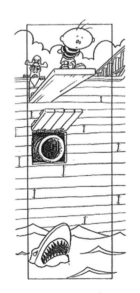

✧ 图2-77　移镜头（一）

✧ 图2-78　移镜头（二）

⊕ 图 2-79 移镜头（三）

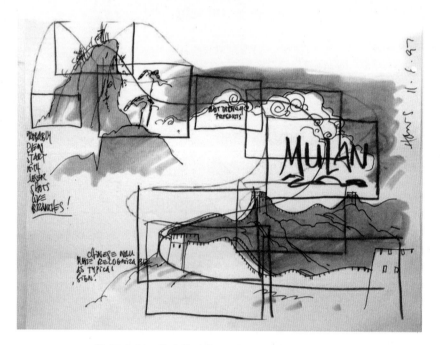

⊕ 图 2-80 综合镜头的运用——《花木兰》片头

思考题
创作一个角色，并绘制角色的三视图。

第三章
动画的绘制

动画的绘制是一项十分繁复、细致的工作,动画工作需要严谨的设计及绘制,不可以进行随意的改造。本章主要分析"单线平涂"动画的绘制,因此从事中间画绘制的人员要熟练掌握铅笔线条技能,除了训练手上功夫,还应注意训练目测的能力。只有坚持不断地练习,才能取得满意的成绩。

第一节　动画绘制基础

一、动画工具

1. 铅笔

铅笔分为普通铅笔、自动铅笔和彩色铅笔三种。下面介绍后两种铅笔。

自动铅笔:多用于拷贝造型和加中间画。一般采用 0.5 ~ 0.7mm 粗细的 2B 铅芯。因为它经济方便,线条可产生变化,在拷贝时,线条清楚容易修改,用计算机扫描上色时可以使线条保持最佳清晰程度,是目前各公司动画工作人员普遍选用的铅笔。

彩色铅笔:一般分为红、蓝两种。红色为高光的区域;蓝色为暗部的边界。这样,上色人员就一目了然了(如图3-1 所示)。

✚ 图3-1　色线对上色的作用

✿ 图 3-1（续）

2．橡皮

橡皮是动画设计制作许多步骤中都需要用到的工具。橡皮要求质地柔软，擦拭时才能不伤纸面并不留痕迹，以保持画纸的清洁和光滑。

3．定位尺

定位尺又叫定位钉，是动画人员在绘制设计稿和原动画时用来固定动画画纸，或在传统动画摄影时为确保背景画稿与赛璐珞片的有频率准确定位而使用的工具。在动画制作各环节中，各部门人员的设计都离不开它的定位作用。定位尺一次可固定打有标准孔位的数十张画纸，也可用于翻阅画稿。定位尺都有统一的标准尺寸和统一的固定头。标准的定位尺是由中间一个圆柱和两端各一长方形短柱，按统一规格固定在长约 25cm、宽为 1.5～1.8cm 的底板上所构成的。

定位尺装置的固定头形状及距离都有着严格的一致性，只是有的上面装有几组圆柱头和长方形柱头，是为了画长幅画面而制作的特殊固定尺。因而不论是多大和多长的动画纸或赛璐珞片，在打孔机打孔后，都可固定在定位尺上。

4．动画纸

动画纸根据动画电影或电视画面规格，进行尺寸设定的优质白纸。还有一种带颜色的动画纸，主要用于修形和草图绘制。动画纸要有较好的透明度，纸质需均匀、洁白、光滑，纸边较硬，较薄而韧性佳，这样在绘制连续动作时，才能为绘制者提供良好的制图条件。在动画纸使用前，需将每张纸打好定位孔，为固定作画提供方便。

5．拷贝桌

拷贝桌与一般写字桌的不同之处是，以磨砂玻璃为桌面，下面装有灯管，使桌面能够透光，可看清多张叠加在一起的画稿，用于动画线稿的绘制与拷贝。桌面部分常设计成倾斜状，以免光线直射眼睛而不利于工作。灯管使用时为了能通风散热，灯管周围不可完全密封。为便于作画，在拷贝桌的前上方，往往有几层木架，用来分别存放不同规格的动画纸张或放置待晾干的着了色的赛璐珞画片。另外还有可携带的拷贝箱，其原理同拷贝桌一样，不占过多空间。适于家庭练习之用（如图 3-2 所示）。

6．打孔机

打孔机用于给纸打孔，分为手动和自动两种。

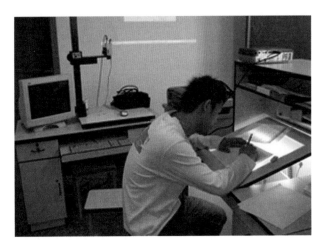

图3-2 学生上课一角

7．线拍机

线拍机用于检测动画的运动规律和线的准确率，也用于导演检验原画画稿等工作。常用线拍软件有中国迪生动画公司的 NLT 和西班牙 Crater Software 公司新推出 CTP。

8．直尺

当画某些较长的直线条时，常会用到直尺，这也是动画绘制必备的工具。

二、线条训练

1．线条对动画的重要性

在二维动画片中，最常见的形式是单线平涂动画，即是以单线勾画角色的形象和动态。线条的好坏直接关系到动画片的技术质量，因此，动画线条是动画专业人员的一门基本功。

虽然，国内外有一些研究性的动画艺术短片，采用素描、速写、版画、水彩、水粉、油画和蜡笔画等各种美术风格，但是到目前为止，许多影院动画长片和电视系列动画片，仍然主要采用传统单线平涂的制作方法，对动画铅笔线条的质量，不仅未降低要求，反而更加严格。

2．动画线条的要求

动画线条的要求具体分为：准、挺、匀、活、不断、不脏。

准——结构准确，线条绘制的物体不能走形、跑线、漏线，线条必须明确，不能含糊不清。

挺——挺直有力，肯定，画线一笔到底，不能抖动、松弛，最好一笔到底，不虚线，双线。

匀——粗细均匀，不能时粗时细，用笔要一致，保持整个画面线条统一。

活——用笔流畅，无死结，线条要有生气，要表达所画形态的神情和美感。

不断——造型色块范围必须封闭。断线的画面不利着色进行，是无边线的造型表现，这时可能以色线做描绘。

不脏——动画纸必须保持干净，画面有污渍，会影响拷贝和扫描的工作，动画员可戴手套或在手掌下垫纸片，应常保持手的清洁（如图 3-3 和图 3-4 所示）。

⊕ 图3-3　动画线稿赏析（一）

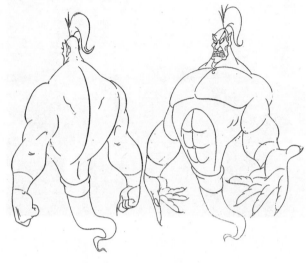

⊕ 图3-4　动画线稿赏析（二）

3．线条的练习方法

绘制动画线条前,首先要找到一个手腕活动最自然的范围,以便运笔灵活。另外绘制每一根线条时要自然下笔,前面淡入,中间保持均匀,结束时淡出,自然提笔（如图 3-5 和图 3-6 所示）。

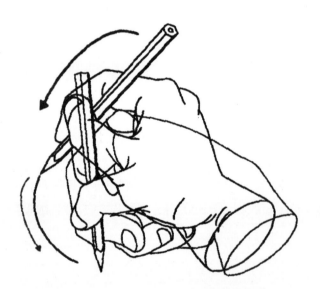

⊕ 图3-5　找到一个手腕活动最自然的范围

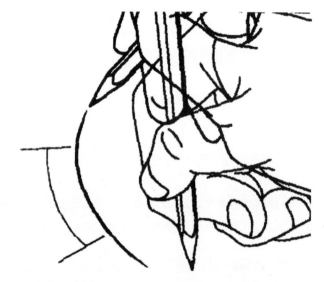

⊕ 图3-6　前面淡入，中间保持均匀，结束时淡出

线条的练习方法包括徒手训练、线条衔接训练和形象拷贝训练。

徒手训练——在一张纸上画等距离的平行线、等距离的垂直线、等弧度的弧线等。

线条衔接训练——在两根线条间,做连接的线段。要求在与原来两根线条的交接处过渡平缓,没有明显的痕迹。

形象拷贝训练——取一些动画稿透过拷贝桌进行拷贝形象。这种练习既能很好地训练线条,也能认真去分析造型,建议多练习。

第二节 原画和动画

一、动画制作流程

手绘动画制作流程可概括为：剧作—概念设计—分镜—设计稿—原画和动画—场景绘制—描上—合成—后期特效—剪接—声音制作。其中概念设计包括形象、场景和美术风格设计。

二、原画

原画是动画片中每个角色动作的主要创作者,是动画设计和绘制的第一道工序。原画的职责和任务是：按照剧情和导演的意图,完成动画镜头中所有角色的动作设计,画出一张张不同的动作和表情的关键动态画面。概括地讲,原画就是运动物体关键动态的画。原画就像电影中的演员一样,要将卡通人物的性格表现出来,但原画不需要把每一张图都画出来,只需画出关键动作即可,其余部分交由动画来完成（如图3-7所示）。

⊕ 图3-7 原画的绘制过程

原画的作用是设计一连串精彩的动作表演,并控制动作轨迹特征和动态幅度,其动作设计直接关系到未来动画作品的叙事质量和审美功能,原画对绘画水平要求很高。绘制原画应注意以下几点。

（1）注意角色或物体的运动规律,抓住运动的轨迹路径。

（2）分解和细化动作步骤,考虑预备动作、追随动作和缓冲动作等。

（3）找准原画,确定每一张原画都是动作的转折点。

（4）注意分层绘制,只将角色身体运动的部分做原画,而静止的部分放在一层中,这样可以提高效率。

在一个镜头中,原画画面只是少数。一般地讲,一秒（24格）的动作,大致要画3～6张原画,其余的中间过程则由动画来完成。但是,这3～6张原画,都是最能表达动作内容的关键动态,一个镜头或一组动作,画得是否生动,表现得是否到位,主要看原画关键动态选定是否准确。因此,动作分析是原画创作的基础。

三、动画

动画,又叫夹画,是完成两张原画之间的画面。原画只把一个动作拆成几个重点姿势,是跳着画的,因此中间需要插入间断的动作,动画就是负责把间断的动作补起来,动画就像原画的助手一样,负责按照分镜表指定的时间间隔,填补原画之间的连贯动作。

绘制动画应注意以下几点。

(1)有没有正确地传达了原画的原意。

(2)注意整个动作速度的变化,是加速度、减速度还是匀速的运动。

(3)动画的张数是否正确,不宜太多或者太少。如果张数太多,动作就显得很慢;如果张数太少,动作就过快。

四、动检

动检就是"动画检查"。通过动检,可确认动画的正确性并控制动画质量,避免出现人物走形、动作走样等问题。动检师需要具备良好的绘画能力和绘制动画的经验,常见动检方法有两种。

1.手动检查

原画草稿完成之后,可以将全部画面叠在一起,用手快速翻动纸张,就可以看到连续动作的效果,反复检查是否达到预想的要求。如果发现问题,随时可作修正,直到满意为止(如图3-8所示)。

⬆ 图3-8 手动检查

2.线拍动检

线拍动检就是将整个镜头画面的线稿通过线拍设备输入计算机中进行动画检查。这时,完整的一套连续动作便活动在计算机显示屏上。通过反复观看动作效果,检验是否充分表达了镜头的要求;是否符合自己预期的动作设想;速度和节奏是否适宜等。如果有不足,还需要进行修改和调整(如图3-9所示)。

线拍动检时应注意以下问题。

(1)拍摄台的光线要均匀,这样可避免在拍摄中产生阴影。

(2)拍摄前要整理好动画动作的张数顺序,并编好编号。

(3)拍摄台要固定好定位尺,确定摄像头的高度和焦距,一切就绪后方可进行拍摄。

(4)拍摄完成后,在软件中一定要在线拍视频前加入"打版"信息,以便导演方便查找。所谓的"打版"信息就是标明该段动画是属于影片的第几集、第几场、第几个镜头。

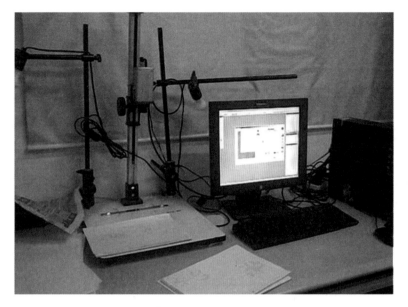

↑ 图3-9　线拍动检

第三节　中间线与中间画的绘制

一、中间线的绘制

动画的主要任务是根据原画的要求，在两张关键画之间，勾画出它的中间渐变过程。绘制中间画，必须找到两张原画形象中间的过渡线条。因此一个初学者为了掌握中间画技术，就必须先从中间线画法的基础训练入手。

学习中间线的基本方法如下。

1．以点定线

在两条直线、交叉线或曲线之间，不借助计量工具，依靠眼睛的观察，找出它的中间位置。可以先在几个关键部位用铅笔轻轻点出记号，然后根据原来定的点来确定中间线。

2．考虑是否过交叉点

在绘制两根交叉中间线时，我们要考虑其中间线是否过交叉点（如图 3-10 所示）。

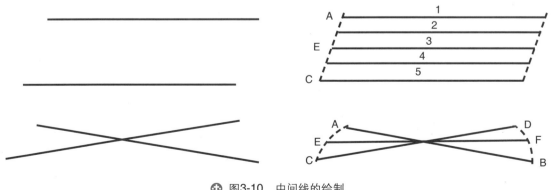

↑ 图3-10　中间线的绘制

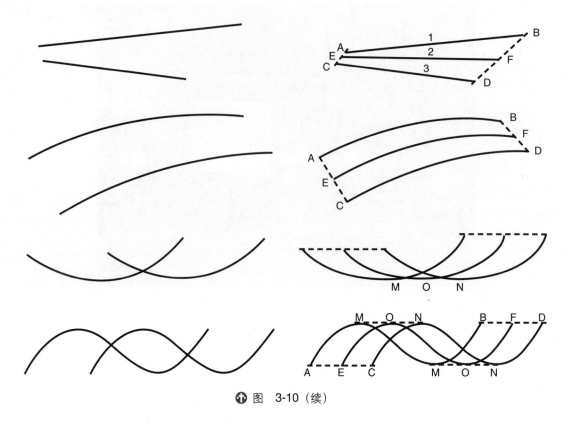

❀ 图　3-10（续）

3．化整为零

若原画是复杂的形体，则要分解成若干个简单的形，对每个简单形再进行中间线的绘制。如图 3-11 中圆形和五角星的两个原画形体较复杂，其中间线绘制时要先做辅助线把两个形分解成若干个直线和弧线的过渡，这样就可以完成整体的绘制。

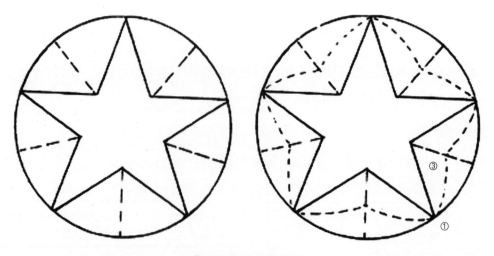

❀ 图3-11　化整为零

二、等分中间画的训练

等分中间画是动画工作的基本技法。一个动画镜头中，由线条组成的动体（人物、动物、器物和自然现象等），从原画的第一个部位到第二个部位，如果中间有变化的过程，又无任何特殊要求的情况（加减速运动、规律性运动等),就必须画出它的等分中间画来。

开始训练可以以线条比较简单的几何图形着手,学习和掌握平均中割的基本技法,逐步深入,再进一步锻炼比较复杂的形象和动态。中间画的要求是:必须找对两张原画中间的等分位置,每根中间线要画得既准确又有质量,包括线条的曲度、线条的匀和挺,做到整体协调(如图3-12~图3-14所示)。

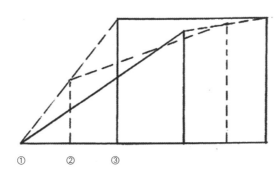

✪ 图3-12 三角形和长方形的等分中间画

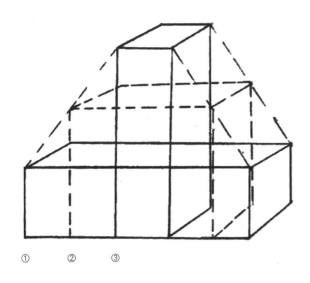

✪ 图3-13 横立方体和直立方体的等分中间画

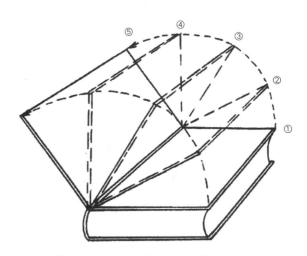

✪ 图3-14 书本封面翻开的等分中间画

三、角色中间画的训练

中间画的绘制是把两张用打孔机打好孔的原画重叠起来,覆盖一张空白的动画纸,一起套在定位尺上,在拷贝台上透过灯光,找到两个画面中间等分的位置,画出中间线以完成中间画(如图3-15所示)。

✪ 图3-15 角色等分中间画的绘制

在动画工作中,如果碰到前后两张原画的关键动态,在画面中的位置相距较远,直接加中间画,不容易找准形态和线条的中间部位,就会给动画工作带来一些困难和麻烦。这时,便可以采用中间画对位技法来解决,既准确又方便。从前后两张形象或姿态相距较远的原画画面中找出最接近的部位相叠在一起,然后把另一张空白动画纸上的三个定位孔洞眼,逐个对准两张原画定位孔之间的中间位置覆盖上去,加以固定,便可以比较方便地加中间画了。定位的方法分为平行对位和弧形对位(如图 3-16 和图 3-17 所示)。

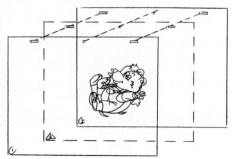

⬆ 图3-16　平行对位

⬆ 图3-17　弧形对位

对位法的运用,一般是在两张原画关键动态之间的距离比较大,但形象变化的差异相对比较小,为了使中间画加得比较精确,操作起来又较方便,采用这种技法才比较适用。假如画面上的两张原画形体动作幅度很大,又有姿态转面的强烈透视变化(属于较高难度的动画),那么,采用对位画法就不太适宜。

四、对运动的错误中割

为了将表现关键动态的原画与表现两个动作变化的中间过程的动画区分开来,我们通常称动画为中间画。但是,动画不仅仅是中间画,只把两张原画之间的中间位置找准,将中间线画对,其实并不一定适合所有动画的要求。在某些运动过程中,若不注重一些变化,就会出现动画的错误。下面是常见的一些动画的错误。

1. 不注重重心的变化

重心稳定是固定角色的根本,犹如一个人坐下的姿势,必然是先躬着腰部才往下坐,因为这是平衡身体重点的结果。倘若他不躬腰,而是挺立躯干往下坐,他就会失去平衡而跌在椅子上。在画中间画时,若不注重重心的变化,直接用中间线的方法来完成中间画,那么加出来的动画就站立不住,运动过程的可信度也会令人质疑(如图 3-18 ~图 3-20 所示)。

⬆ 图3-18 两张原画之间加中间画

⬆ 图3-19 直接加中间画的结果

⬆ 图3-20 正确的中间画是动作
重心先向下的动作

2．不注重动作的轨迹

在一组动画运动中,每一张的动作都要遵循整体的运动轨迹。在加中间画时,若不注重运动路径,那就缺乏整体的统一性。在转身的两张原画之间加中间画,若不注重动作的运动轨迹,直接加中间线会得到呆板的结果。但这组运动的人物转身时,手的运动是先向上后向下的弧线运动,并且转身的过程是先转动头,所以正确的中间画是双手抬起的(如图 3-21 ~图 3-23 所示)。

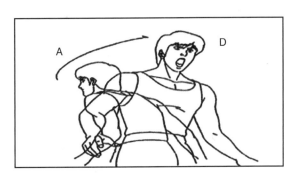

⬆ 图3-21 两张原画之间加中间画

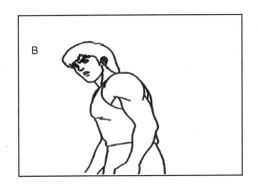

⬆ 图3-22 直接加中间线的结果

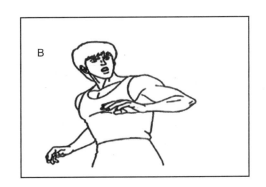

⬆ 图3-23 正确的中间画

3．不注重时间的分配

在加中间画时还要考虑运动过程中时间的分配,图 3-24 中要在跳跃的两张原画之间加中间线,就会得到如图 3-25 所示的效果, 而在跳跃中的时间分配是不平均的。起跳的时间较慢, 着地的过程较快, 正确的应该是如图 3-26 所示。

⊕ 图3-24 跳跃的两张原画

⊕ 图3-25 不注重时间分配的中间画

⊕ 图3-26 有速度变化的正确中间画

思考题

1. 手绘动画对线条的要求有哪些?

2. 画中间线和中间画时, 应注意哪些问题?

3. 完成图 3-27 的中间画。

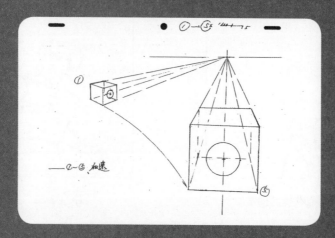

⊕ 图3-27 完成中间画

第四章
运动力学原理

动画中的物体运动规律既要遵循物理运动力学原理，又有它自己的特点，不是简单的模拟，也要有自己的创新。动画角色的动作若完全照搬自然写实的运动，就会显得软弱无力、缺乏生气。因此动画的动作设计过程要观察现实生活中的动作，并将动作简化，然后再赋予其特殊的艺术表现方式，包括动画动作在时间、速度、力度及幅度上的夸张性。

第一节　加速度和减速度

一、动画时间概念

动画是利用视觉暂留现象发展起来的艺术。动画影片放映的速度与真人实拍电影一样，都是以一秒钟24帧（格）的速度播放的。动画时间的最小单位是帧，原画师必须学习一个重要技巧，就是如何换算帧数与时间，例如，12帧 = 0.5秒，8帧 = 0.3秒，3帧 = 1/8秒，1帧 =1/24秒。

原画师必须能够比较精确地测算动画中一个动作的时间。比如，行走一步约0.5秒，那就是12帧；飞快地跑，脚的循环约等于4帧；拳头砸在桌子上约需0.3秒，为5～8帧。

为什么要进行精确的测算？从经济的角度上来讲，可以减少多余的和不必要的动画张数，以降低成本，节约开支。另外，如果动作时间不准确，画面效果也受到影响。比如动作太快，观众还没有反应过来，动作就结束了，观众会有莫名其妙的感觉；如果动作太慢，节奏拖沓，没有视觉冲击力，这样的动作是无法吸引观众的。

计算动作时间的工具是秒表。在想好动作后，自己一边做动作，一边用秒表测时间；也可以一个人做动作，另一个人测时间。对于有些无法做出的动作，如孙悟空在空中翻筋斗，雄鹰在高空翱翔或是大雪纷飞、乌云翻滚等，往往用手势做些比拟动作，同时用秒表测时间，或根据自己的经验，用脑子默算的办法确定这类动作所需的时间。对于有些自己不太熟悉的动作，也可以采取拍摄动作参考片的办法，把动作记录下来，然后计算这一动作在动画中所占的长度，确定所需的时间。

我们在实践中发现，完成同样的动作，动画片所占时间比真人电影要略短一些。例如，拍摄真人以正常速度走路，如果每步是14格，那么动画片往往只要拍12格，就可以造成真人每步用14格的速度走路的效果；如果动画片也用14格，在银幕上就会感到比真人每步用14格走路的速度要略慢一点。这是由于动画的单线平涂的造型比较简单的缘故。因此，当我们在确定动画片中某一动作所需的时间时，常常要把我们用秒表根据真人表演测得的时间或纪录片上所摄的长度，稍稍打一点折扣，才能取得预期的效果。

二、速度

所谓"速度",是指物体在运动过程中的快慢。按物理学的解释,是指路程与通过这段路程所用时间的比值。在通过相同的距离中,运动越快的物体所用的时间越短,运动越慢的物体所用的时间就越长。在动画片中,造成动作速度快慢的因素,除了时间和空间(即距离)之外,还有一个因素,就是两张原画之间所加中间画的数量。中间画的张数越多,速度越慢;中间画的张数越少,速度越快。即使在动作的时间长短相同、距离大小也相同的情况下,由于中间画的张数不一样,也能造成细微的快慢不同的效果。

将一球抛向空中,其运动是以物体的重心为枢轴有规律的转动,其重心则沿抛物线运动,运动的速度在抛物线上也不是等分的,在上抛发力时,物体因为受空气阻力影响,渐渐变慢。接近抛物线顶部时,球的间距越密,而向下时又速度加快,间距增大(如图4-1~图4-3所示)。

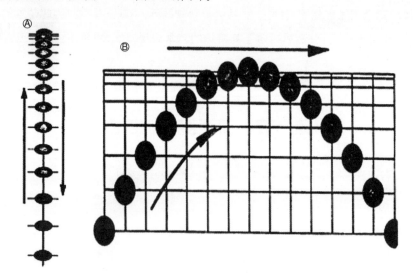

✙ 图4-1 小球在空中运动速度的变化

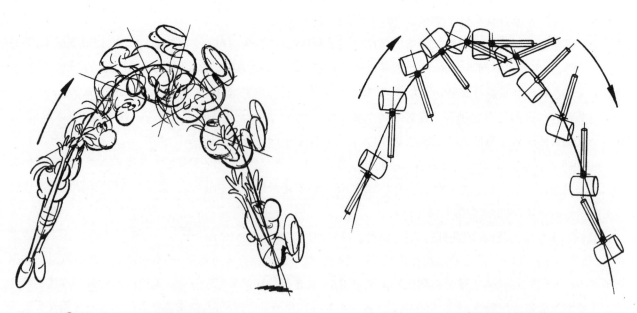

✙ 图4-2 高空抛物的速度变化(一)　　　　　　✙ 图4-3 高空抛物的速度变化(二)

三、匀速、加速和减速

按照物理学的解释,如果在任何相等的时间内,质点所通过的路程都是相等的,那么,质点的运动就是匀速运动;如果在任何相等的时间内,质点所通过的路程不是都相等,那么,质点的运动就是非匀速运动。非匀速运动又分为加速运动和减速运动。速度由慢到快的运动称为加速运动;速度由快到慢的运动称为减速运动。

1．加速运动

两张关键画之间的中间画的距离是由大变小的,即速度的变化是由慢变快的,这种运动就是加速运动。例如,物体自由落体、角色的挥拳和出腿等都是加速运动(如图4-4所示)。

2．减速运动

减速运动与加速运动相反,两张关键画之间的中间画的距离是由小变大的,即速度的变化是由快变慢的,这种运动就是减速运动。一个动作的结束常用减速运动,例如,运动中的汽车开始刹车、角色挥动着的拳头回收等(如图4-5所示)。

🔼 图4-4　加速运动的张数分配

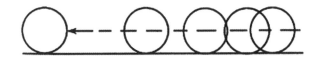

🔼 图4-5　减速运动的张数分配

3．匀速运动

两张关键画之间,中间画的距离是相等的。在动画片中,处理匀速运动时,常将两端稍微做一些速度的过渡,避免过于生硬,比如由加速运动开始过渡到匀速运动,由匀速运动到减速运动渐渐结尾(如图4-6和图4-7所示)。

🔼 图4-6　匀速运动的张数分配

🔼 图4-7　匀速运动的过渡处理

实际上,物体在运动过程中,除了主动力的变化外,还会受到各种外力的影响,如地心引力、空气和水的阻力以及地面的摩擦力等,这些因素都会造成物体在运动过程中速度的变化。

四、动作节奏感

在日常生活中,一切物体的运动(包括人物的动作)都是充满节奏感的。动作的节奏如果处理不当,就像讲话时该快的地方没有快,该慢的地方反而快了;该停顿的地方没有停,不该停的地方反而停了一样,使人感到别扭。因此,处理好动作的节奏对于加强动画片的表现力是很重要的。

我们可以用速度的变化来造成动作的节奏感,即"快速""慢速"以及"停顿"的交替使用,不同的速度变化会产生不同的节奏感,例如:

(1)停止——慢速——快速,或快速——慢速——停止,这种渐快或渐慢的速度变化造成动作的节奏感比较柔和。

（2）快速——突然停止，或快速——突然停止——快速，这种突然性的速度变化造成动作的节奏感比较强烈。

（3）慢速——快速——突然停止，这种由慢渐快而又突然停止的速度变化可以造成一种"突然性"的节奏感。

动作的节奏是为体现剧情和塑造人物服务的，因此，我们在处理动作节奏时，不能脱离每个镜头的剧情和人物在特定情景下的特定动作要求，也不能脱离具体角色的身份和性格，同时还要考虑电影的风格。

一般来说，动画片的节奏比真人实拍影片的节奏要快一些，并且更夸张一些。

第二节　惯　性　运　动

根据牛顿力学第一定律，如果一个物体不受到任何力的作用，它将保持静止状态或匀速直线运动状态，这就是我们通常所说的惯性定律。这一定律还表明：任何物体，都具有一种保持它原来的静止状态或匀速直线运动状态的性质，这种性质就是惯性。

一切物体都有惯性，在日常生活中，表现物体惯性的现象是经常可以遇到的。例如，站在汽车里的乘客，当汽车突然向前开动时，身体会向后倾倒，这是因为汽车已经开始前进，而乘客由于惯性还要保持静止状态的原因；当行驶中的汽车突然停止时，乘客的身体又会向前倾倒，这是由于汽车已经停止前进，而乘客由于惯性还要保持原来速度前进的原因。人们在生产和生活中，经常会利用物体的惯性。例如，榔头松了，把榔头柄的末端在固定而坚硬的物体上撞击几下，榔头柄因撞击而突然停止，榔头由于惯性仍要继续运动，结果就紧紧地套在柄上了。挖土时，铁锹铲满了土，用力一甩，铁锹仍旧握在手里，而土却由于惯性被扬出去了。

物体的惯性还表现在当它受到力的作用时，是否容易改变原来的运动状态，有的物体运动状态容易改变，有的则不容易改变。物体在刚接触力的作用时，自身运动状态变化大的，我们说它的惯性大，变化小的，惯性小。惯性和物体的质量有关系，所以在动画片中常用惯性来表现物体的轻重。表现一个重的物体的运动，有以下三个特点。

（1）要很大的力才能使之从静止状态变成运动状态。

（2）运动过程中速度变化幅度较小。

（3）遇到阻挡时，较难改变其方向和速度（如图4-8所示）。

相反，表现一个轻的物体的运动，有以下三个特点。

（1）用较小的力就可以使之从静止状态变成运动状态。

（2）运动过程中速度变化幅度较大。

（3）遇到阻挡时，容易改变其方向和速度（如图4-9所示）。

在日常生活中，要经常注意观察、研究、分析惯性在物体运动中的作用，掌握它的规律，作为我们设计动作的依据。例如，一辆40吨的大型平板车的质量比一辆小汽车的质量要大得多，它的惯性也就比小汽车的惯性大得多，因此大型平板车起步很慢，小汽车起步很快；大型板车的运动状态很不容易改变，小汽车的运动状态则容易改变得多。

汽车不能超载的原因也跟惯性有关，汽车超载时，惯性变大，所以刹车时比较吃力。此外，汽车刹车时，只需刹住一对后轮就可以了；火车却不行，它的每个轮子都装有刹车装置，也是因为火车的惯性比汽车的惯性大，因此要改变它原来的运动状态也就困难得多。还有,人们骑自行车时,如果带有较重的货物,启动、转弯和停车都比骑空车时困难,这也是由于惯性大小不同的原因。

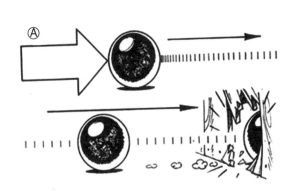

⬆ 图 4-8 重的物体的惯性

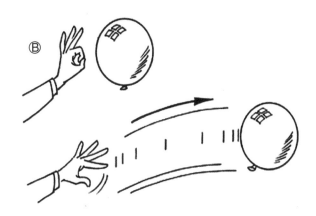

⬆ 图 4-9 轻的物体的惯性

当然,动画片在表现物体的惯性运动时,不能只是按照肉眼观察到的一些现象,进行简单的模拟。应该根据这些规律,充分发挥自己的想象力,运用动画片夸张变形的手法,取得更为强烈的效果。例如,汽车快速行驶时,突然刹车,由于轮胎与地面的摩擦力,以及车身继续向前惯性运动而造成的挤压力,会使轮胎变为椭圆形,变形比较明显;车身由于惯性,虽然也略微向前倾斜,但变形并不明显。为了造成急刹车的强烈效果,我们在设计动画时,不仅要夸张表现轮胎变形的幅度,还要夸张表现车身变形的幅度,并且要让汽车向前滑行一小段距离,才完全停下来,恢复到正常状态。又如,飞刀插入木板,刀的前端由于木板的阻力而突然停止,后端由于惯性仍然继续向前运动,因此造成挤压变形。由于刀是钢制的,变形极不明显,但我们在表现这一动作时,也可以加以夸张。动物在奔跑中突然停步,身体也会由于惯性向前倾斜,有时要顺势翻一个筋斗,有时要滑行一小段距离,才能完全停下来。

第三节 弹 性 运 动

惯性运动主要针对运动中物体速度和方向的问题,弹性运动是研究在运动中的物体的形状变化。物体在受到力的作用时,它的形态和体积会发生形变并存在弹力,形变消失时,弹力也消失。

下面以球落地为例来分析物体的弹力。当球接触地面时,由于受到向下的重力和地面向上的反作用力的影响,使皮球发生形变,产生弹力,球体被这两个力"压扁",因此,皮球就从地面上弹了起来。皮球运动到一定高度,由于地心引力,皮球又落回地面,再发生形变,又弹了起来。当球体离开地面越高,形变越小。

皮球受力后会发生形变,产生弹力,那么其他物体受力后,是否也会发生形变,产生弹力呢?答案是肯定的,物理学的研究已经表明:任何物体在受到任意小的力的作用时,都会发生形变,不发生形变的物体是不存在的。当然,由于物体的质地不同,受到的作用力的大小也不一样,所发生的形变大小也不一样,产生的弹力大小也不一样。有的物体形变比较明显,产生的弹力较大;有的物体形变不明显,产生的弹力较小,比如换作铅球落地,就不容易为肉眼所察觉。

既然物理学已经证明任何物体都会发生形变,那么在动画片中,对于形变不明显的物体,我们也可以根据剧情或影片风格的需要,运用夸张变形的手法,表现其弹性运动(如图 4-10 ~图 4-12 所示)。

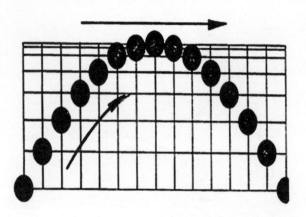

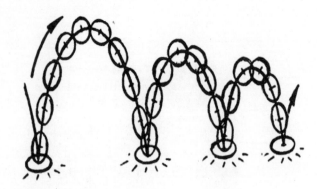

⬆ 图 4-10　比较现实生活中和动画中球运动的弹性

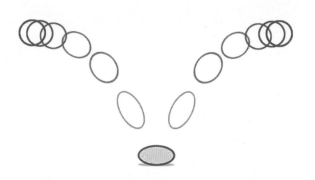

⬆ 图 4-11　动画中球运动的弹性形变

⬆ 图 4-12　由球运动演变的弹性形变

第四节　曲 线 运 动

当物体所受的合外力和它的速度方向不在同一直线上时,物体就是在做曲线运动。曲线运动是由于物体在运动中受到与它的速度方向成一定角度的力的作用而形成的。它是区别于直线运动的一种运动规律,常用于表现各种细长、轻薄、柔软及富有韧性和弹性的物体的质感。动画片动作中的曲线运动,大致可归纳为以下三种类型。

一、弧形曲线运动

弧形曲线运动是指由于受到各种力的作用,其运动轨迹呈弧形的抛物线运动状态,弧形曲线运动有两种可能性。

（1）由于受到重力及空气阻力的作用而形成的抛物线运动。如图 4-13 所示小老鼠运动中,有一个向前冲的力和自身受到的向下重力,两种力相互作用的结果就是小老鼠呈现弧形曲线运动。绘制这种弧形曲线运动时应注意两点。

① 掌握运动过程中的加减速度。

② 注意抛物线弧度的变化（如图 4-14 所示）。

⬆ 图 4-13 弧形曲线运动（一）　　　　⬆ 图 4-14 弧形曲线运动（二）

（2）韧性、柔软的物体一端固定在一个位置上，当它受到力的作用时，其运动路线也是弧形的曲线。例如，当小草被风吹动时和手臂抬起、放下时，表现出弧形曲线运动（如图 4-15 和图 4-16 所示）。当然小草被风吹动有时也表现出波形曲线或 S 形曲线的运动。

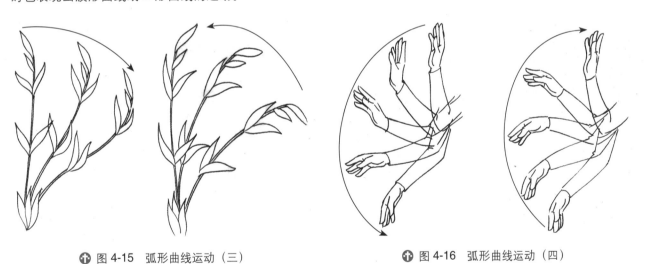

⬆ 图 4-15 弧形曲线运动（三）　　　　⬆ 图 4-16 弧形曲线运动（四）

二、波形曲线运动

　　柔软的物体受到力的作用时，其运动规律就是顺着力的方向，从一端渐渐推移到另一端，形成一浪接一浪的波形曲线运动。这种运动可以想象成球体的直线移动。例如，旗杆上飘扬的旗子；人的头发、飘带的运动；燃烧的大火；袅袅升起的炊烟等（如图 4-17 ～图 4-20 所示）。

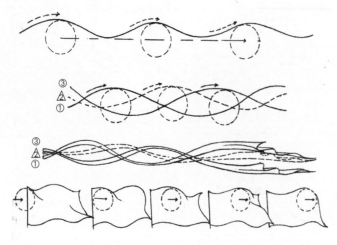

⬆ 图 4-17　波形曲线运动

⬆ 图 4-18　被风吹动的披风（一）

⬆ 图 4-19　被风吹动的披风（二）

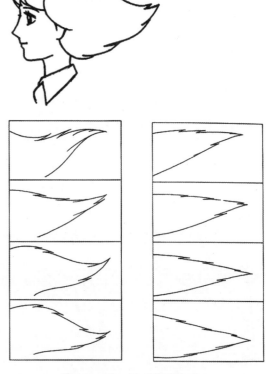

⬆ 图 4-20　被风吹动的头发

三、S形曲线运动

表现柔软而又有韧性的物体，主动力在一个点上，依靠自身或外力的作用，使力量从一端过渡到另一端，这种运动就呈现 S 形曲线运动。S 形曲线常有两种表现方式。

（1）物体本身在运动中呈 S 形。例如，传说中的龙自身的身体是 S 形，它的运动也是 S 形曲线运动（如图 4-21 所示）。

（2）动物的尾巴运动以及特写被风吹动的草时，也呈现 S 形曲线运动（如图 4-22 ～图 4-26 所示）。

⊕ 图 4-21　龙身体是 S 形,它的运动也是 S 形曲线运动

⊕ 图 4-22　动物尾巴（一）

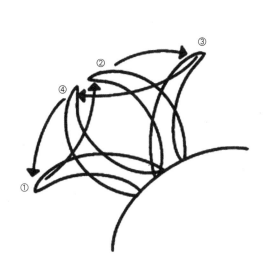

⊕ 图 4-23　动物尾巴（二）

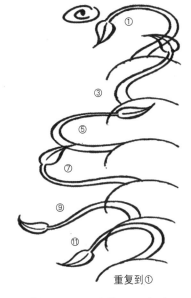

⊕ 图 4-24　动物尾巴（三）

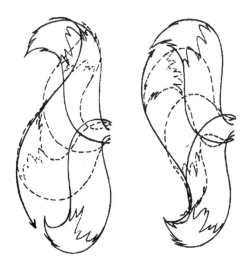

⊕ 图 4-25　动物尾巴（四）

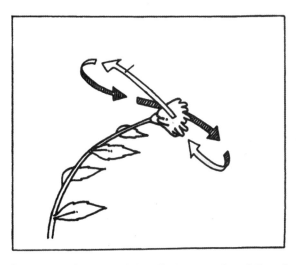

⊕ 图 4-26　特写被风吹动的草时,可呈现 S 形曲线运动

第五节　动作的基本原理

一、预备动作

预备动作是指角色在设定的动作方向之前所表现出来的一个相反方向的动作,即欲前先后、欲上先下、欲左先右。预备动作可以分以下几个方面。

（1）预备动作为动作提供物质上的预备。既然身体中的肌肉要通过收缩来发挥作用,那么在收缩之前就要伸长。例如,腿在向前摆动踢球前,必须先向后摆动。因此没有预备动作,许多动作就会显得不连贯、僵硬和不自然。

（2）预备动作也可用来使动作更加引人注意,让动作给观众带来清楚的"预期性",它能使观众为下个动作做好准备,帮助他们在动作实际发生之前预料到动作。

（3）预备动作常用来解释接下来的动作是怎样进行的。在一个人想抓住一个物体之前,　他首先会在瞪着物体的同时抬起手臂,表示他将对那个特定的物体采取行动。预备动作也许没有表明这样做的理由,但它毫无疑问地说明了下一步将干什么（如图 4-27 所示）。

⬆ 图 4-27　预备动作

使用预备动作的长短会影响随之而来的动作的速度。如果观众能预料将发生的事,那么他们就能更快地观看而又不会遗漏情节,如果他们对一个很快的动作没有准备好,他们可能会完全错过这个情节。预备动作可以是很快的或者是很慢的,在慢动作中预备动作经常被最小化,这样对表达动作的意思才是合适的。如果预备动作很充分地做好了,主要动作只需要暗示一下,观众就会接受它。

二、追随动作

如果前面所说预备动作是一个动作的准备阶段,那么追随动作则是它的结束阶段。动作很少是突然发生,又突然完全停止的,而是逐渐终止的。

在任何人物或物体运动时,他（它）们各个部位的运动都不是同步的:某个部位在移动之前先发生运动。就像火车头一样,这被称为先导（Lead）。人物或物体的附属或松散部位的移动会较慢,所以将滞后于其先导部分,于是当先导部位停下来时,这些附属部分将会继续运动,需要更长的时间才会停止下来。

又如一只狗有下垂的耳朵,当狗静止时,耳朵垂直悬挂着。当狗加速离去时,耳朵就被拖着向前。只要狗的速度不慢下来,　耳朵就一直拖在后面。如果狗的头部上下运动,耳朵就呈波浪形动作。如果狗的速度慢下来到停止,耳朵显示继续向前摆动,然后才向后摆动,最后慢慢停下来。试图将耳朵和狗的动作在原画上一致是注定要失败的。比如,可能正是狗停止跑步时,耳朵的动作反而最快（如图 4-28 和图 4-29 所示）。

追随动作往往能刻画动作的细部,给人以可信服感。追随动作刻画得好,会使动作显得很流畅,自然生动。

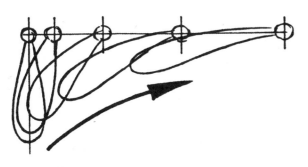

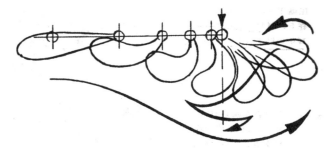

🔼 图4-28 狗开始跑步时耳朵的动作　　　　🔼 图4-29 狗停止跑步时耳朵的动作

三、次要动作

　　次要动作就是为辅助主要动作的一个额外的动作。在角色进行主要动作时,如果加上一个相关的次要动作,会使主角的主要动作变得更为真实以及具有说服力。在现实生活中,人们并不总是同时只做一个动作,比如,一个悲伤的角色可能在转身离去的同时,举起胳膊擦去泪水;老年人在拿起报纸的同时戴上老花镜等。但必须注意的是,同一时刻,人物只有一个情绪的基调,也只能有一个主要动作。而次要动作是以配合性的动作出现,不能过于独立或剧烈以至于影响主要动作的清晰度。如果它与主要动作发生冲突是不合适的。

　　次要动作可能相当的细微,但却有画龙点睛之效。当我们正确地使用了次要动作,它会使场景中的动画表现得更加丰富,动作更加自然,使角色的个性更加鲜明。

　　动画师的动作设计如同"搭积木"一样,将所有组成部分建立正确的关系。首先决定好动画最重要的动作的运动方式,其次再增加生动的次要动作动画,并经过反复调整,使动作姿势达到和谐。

四、交搭动作

　　在运动中,身体不同部分动作之间有一个时间滞差,称为交搭动作。对缓慢柔和的动作来说也许不必要,但对激烈的动作来说,它有助于产生流畅的效果。经过训练的军队在齐步前进,效果本来就像机械,当然动作要一致。新入伍的一班士兵,其中有几个动作4格交搭,尚不至于使他们的步伐有参差不齐之感,这样动作稍微错开,而不是那么机械的一致,就会产生更生动自然的效果。又如一只狗在跑的过程中停下来,首先停止动作的是它的前脚,然后它的后腿和后脚从后面向前,它的前腿首先被压缩短,然后四只脚都牢牢地塌在地上,它的身体抬高之后回到最后的位置。如果它有柔软的耳朵,它们将是最后静下来的东西。交搭动作根据的原则是动量、惯性和力通过关节传递的原理(如图4-30所示)。

🔼 图4-30 交搭动作

第六节　动作的停顿

在动画片中,物体不是无时无刻地都在运动中,有时也需要停滞几格画面。停滞的画面常常起强调作用,让观众看清楚。

一、绘制停滞画面时要注意的几点

（1）一部动画片的停滞画面不宜过多,每个停滞画面不宜过长。

（2）在角色的停滞画面中,把握好角色重心的平稳。

（3）停滞画面不是画面中所有的内容都停顿下来,可以加一些角色细节的运动,比如眨眨眼、头发的飘动等,来避免过于僵化。

二、常见停滞画面

下面是几个常用停滞画面的情景。

（1）人物的出场。当角色刚亮相时,需要一点时间让观众记住角色。

（2）动作的结束。当一个幅度很大的动作结束时,需要停滞一点时间,定格在结束的动作中,这样既有动静的对比,又可让观众看清楚动作的内容。

（3）幽默的画面。当动画中出现幽默画面时,为让观众充分领略画面的趣味,可停滞画面。

（4）字幕的镜头。当镜头中出现字幕时,可停滞几格（如图 4-31 所示）。

↑ 图 4-31　动作的停顿（一）

（5）音效的画面。当画面有音效推动叙事时,可停滞一会儿。如图 4-32 所示,当角色拔出水塞时,伴随着流水声,画面停滞,然后可直接接下一个画面,这样一个洗澡出浴的场景就可以表现出来。

⬆ 图 4-32　动作的停顿（二）

思考题

1. 画一组曲线运动的动画,要求运动合理、结构准确。
2. 画一组完整的动画过程,包括预备动作以及速度的变化。

第五章
人的头部动作

在前面的学习过程中,我们讲述了基本运动力学以及基础运动规律,但仅仅掌握运动原理在动画画面上的表现是不够的。要塑造出色的动画角色,就需要进行具有个性的动作表演与设计,包括人物头部设计与口形表情的设计。

第一节　人物的眨眼

眼睛是心灵的窗户,是内心情感的表达。在一部电影中,眼睛是观众看的第一个部位,其次才是手。我们在试图和屏幕上的角色进行交流时,眼睛告诉了我们相当多的角色心理活动。所以确保你花了足够的时间来让眼睛和眉毛具备足够的运动细节是非常重要的。

一、眼部的结构

画好眼部动画,我们首先要了解眼睛的结构。眼睛是一个复杂的组织,其中包括:眼眶骨、眼球、眼轮匝肌、皱眉肌、降眉肌和上、下眼睑、眉毛、睫毛等部分。两个眼珠是一起运转,不会左眼看东、右眼看西。眼睛本身就是一个球体,不是平面的,所以绘制时要有立体感。绘制眼睛时还要注意高光的运用,高光使眼睛更显透彻（如图 5-1～图 5-5 所示）。

二、眨眼的时机

在现实生活中,我们眨眼是因为需要让眼睛变得湿润,眨眼频率大部分取决于眼睛变得干燥的速度。而这一点取决于很多因素,比如空气湿度、风速、个人心理状况等。在戏剧表演中演员眨眼是为了达到特殊的戏剧化效果。普通人会每两秒眨眼一次,而在动画片中,角色眨眼的频率没有现实生活中那样频繁,也经常是不固定的,只有当起到帮助传达情节的作用时才会眨眼。

眨眼可以赋予眼睛以生命,也是眼部最常见的运动方式之一。动画中表现角色的眨眼动作可以让角色具有活力、生命力,即使没有什么动作的镜头,只要让角色适时地眨几下眼睛,就会让角色不显呆板;但必须要通过正确的变形和相应的时间位置配合,才能达到效果,不要物极必反。下面列举几个眨眼的时机。

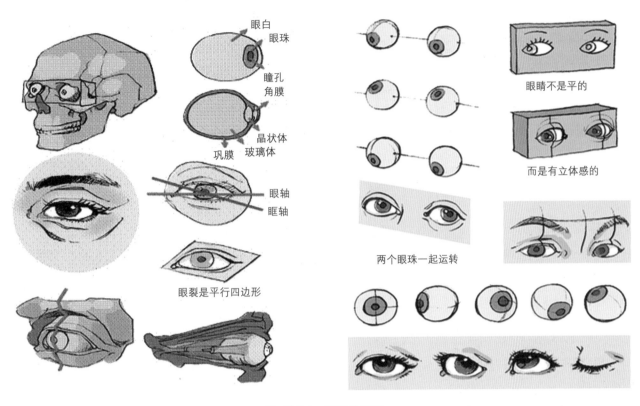

⚓ 图 5-1　眼睛的造型

⚓ 图 5-2　《晴空战士》中角色眼部的造型

⚓ 图 5-3　《攻壳机动队》中角色眼部的造型

⚓ 图 5-4　《皇帝的新装》中角色眼部的造型

⚓ 图 5-5　《千与千寻》中角色眼部的造型

1．思考的结束

当完成了一个思考过程，或者做出了一个决定，动画师用眨眼作为思考的结束，因为眨眼是角色心中所想的终结信号。另外在思索过程中，可以通过眨眼把一个思索从另一个中分离出来。再如动画角色听一个人讲话，然后转去听另一个人讲话时，动画师通常会在转换注意力时做角色的眨眼动作。

2．在头部转动过程的中间

在快速的头部转动或者改变视线焦点时，眨眼动作可以作为头部旋转的预备动作的一部分。比如，一个角色在旋转头部去看另一个方向或者改变视线焦点之前，加入眨眼动作使头部动作更生动。

3．行为或情绪需要

眨眼的频率也能向观众表达角色的情绪状态，当动画角色紧张、羞涩、悲哀时会有更多眨眼的动作。愤怒、感兴趣、好奇、无聊等情绪时眨眼较少。比如狙击手观察他的敌人和女孩做白日梦幻想她的童话王国时，眨眼的次数要比一个端坐在屋子中间参加令人厌烦的办公室会议的人要少得多，而一个游戏迷在玩他钟爱的电子游戏时几乎是不眨眼的。

4．作为剪接点

在实拍电影中，剪辑师常在演员眨眼或者观众自然的"感觉"应该眨眼的地方做剪接。因为在睁眼时，我们的大脑就如同正在观看电影，而我们的眼睛就如同剪辑师，我们的眨眼就是眼睛在做场景的切换。

三、眨眼的动画

绘制眨眼动画时要注意以下几点。

（1）当眼皮闭上时，上眼睑向下盖住眼睛，当它张开时，上眼睑向上抬起。眨眼的过程中，下眼睑运动范围小于上眼睑，基本不动。当有打喷嚏的感觉时，下眼睑才有少许上提的运动。

（2）眨眼过程不是以不变的速度方式开合的，正常眨眼的动作会有速度的变化，先慢后快。开合得越快，角色看起来就越显得警惕（如图 5-6 所示）。

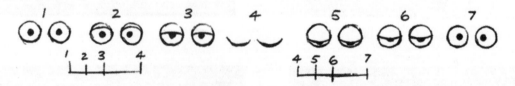

⬆ 图 5-6　眨眼的速度变化

（3）当作眨眼动画时，上眼睑因眼珠的球形结构而呈现不同的弧线运动方式，睫毛也跟随眼睑做曲线追随动作（如图 5-7 和图 5-8 所示）。

⬆ 图 5-7　眼皮开闭的弧线运动　　　　　⬆ 图 5-8　睫毛的曲线运动

（4）无论眨眼动作多慢或者多快，也要在眨眼动作结束时，在眼皮升到顶端的地方加一个缓冲。如果不这么做,只是让眼皮一下停住,那看起来就会有一点机械。另外,怀疑、迷惑或惊奇的眨眼通常会带有一点斜视。

(5)实际生活中的眨眼时间大约为0.2秒,但在动画片中用0.3 ~ 0.5秒。在动画设计中,根据情绪的不同,经过不同的设计,眨眼的速度、频率会有不同的感觉。一般短暂的眨眼过程,时间不会超过半秒,有时时间会更短。这样可以表达好奇、轻微的吃惊和滑稽的感觉。眨眼的动画里根据角色的情绪状态可以调节眼皮的眨动时间,让一个角色闭眼三帧和十帧是不同的概念。如果动作是慢慢闭上然后快速睁开,你会得到一种这个人累了但要强打精神的效果。如果你慢入慢出,会让角色看起来像个恶棍。

(6)每次眨眼动作若能配合表情、肢体动作等来表现,会更加生动。当然这要看动作设计和剧情的具体需要。

(7)一些动画师通常把两眼的运动偏移一帧左右,这样看起来不那么呆板。如:

第 1 帧 两眼都是睁开的。

第 2 帧 左眼开始闭合。

第 3 帧 右眼开始闭合。

第 4 帧 两只都完全闭合了。

第 5 帧 左眼完全睁开。

第 6 帧 右眼完全睁开。

到底是用同步还是异步的眨眼,完全取决于动画师、导演和当前的故事点。

第二节 人的头部转面

一、转面的空间观念

动画依据物体运动过程,可分为平面运动的动画和立体运动的动画。平面运动的动画可以靠找中间线的方式来完成动画任务,但是立体运动动画不能用这种方法。这类运动会根据立体结构产生透视运动变化,比平面运动的动画复杂得多。在绘制人的头部转面时,因为头部是立体的,并非平面,所以中割转头动作时,必须注意立体的概念。当头部转动时,脸上的五官也随之发生透视的变化。因为脸部的五官是长在立体的头型各个部位上的(如图5-9所示)。

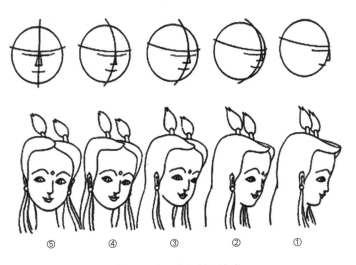

⑤　　④　　③　　②　　①

✿ 图5-9 头部转面变化

虽然我们不能用直接中割的方法来确定转面的中间画,不过可以以中割原则先作标记,可先作为打稿的依据,快速找到接近的位置,再以立体概念修正。在画中间画时,可以将鼻子作为脸部的中心点,在转面的过程中脸部五官的变化是弧形的运动路径。由于透视的原因,接近正面的画面一般空间距离比较大,因为镜头比较近。接近侧面的画面一般空间距离比较小(如图 5-10 所示)。

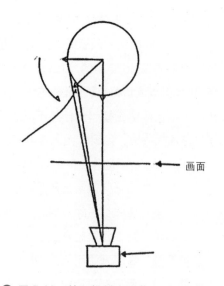

⊕ 图 5-10　转面投射在屏幕中的透视变化

二、各个面的造型

为了更好地完成转面动画,我们必须先来了解一下人体头部常见的各个角度的造型特征。

1. 侧面的造型

侧面的造型如图 5-11 所示。

(1)人的额头至鼻子到嘴巴这条头部的中心线变成了外轮廓。

(2)眉弓的长度和眉弓到耳朵前沿再到枕骨后端的距离是三等分。

(3)注意眼睛的由上至下向内倾斜。

2. 3/4 侧面的造型

3/4 侧面的造型如图 5-12 所示。

(1)此造型头部的立体感很强。

(2)眼角、嘴角、鼻翼分别会有被遮挡而不可见的部分。

(3)脸侧向的一边轮廓变化细腻。

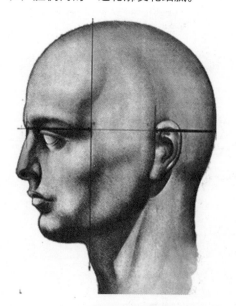

⊕ 图 5-11　侧面的造型

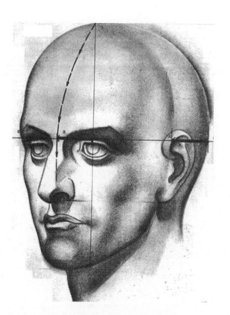

⊕ 图 5-12　3/4 侧面的造型

3．几条平行线

从正面到侧面的过程中,有几条线是平行的（如图 5-13 和图 5-14 所示）。

（1）眼睛的眉弓线是平行的,它是视平线所在。

（2）鼻底的线在转面过程中是平行的。

（3）转面时下颌线不变,因为其形体接近球形。

4．转面时应注意的问题

（1）转面时有一个支点,即顶骨的高点。在平行转面过程中,它是不变的（如图 5-15 所示）。

（2）注意眼角到鼻子的距离变化（如图 5-16 所示）。

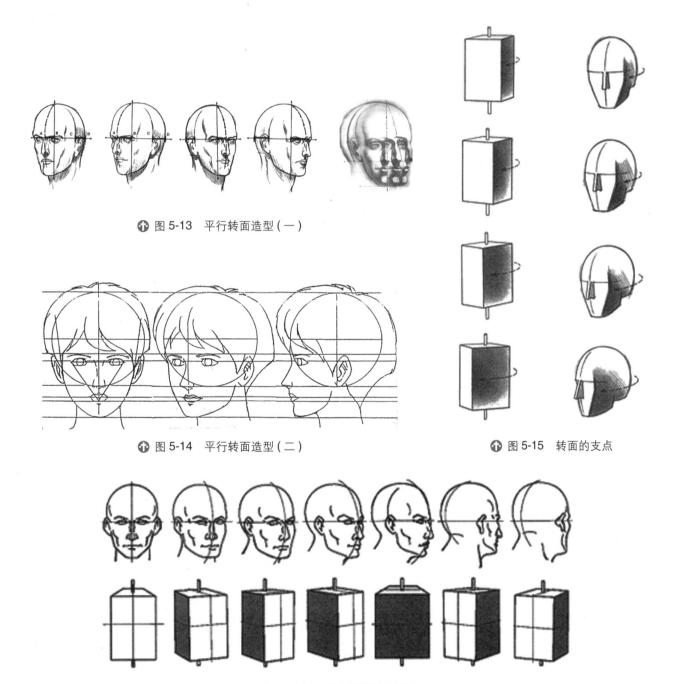

⚛ 图 5-13　平行转面造型（一）

⚛ 图 5-14　平行转面造型（二）

⚛ 图 5-15　转面的支点

⚛ 图 5-16　眼角到鼻子的距离

三、平行转面的绘画过程

1. 平行转面的绘制步骤

（1）先画正面和背面。背面就是正面头部轮廓的反面再拷贝。

（2）其次画侧面，注意侧面额头至鼻子再到下颌的线条轮廓的准确性。

（3）再画正面和侧面，侧面和背面的中间过渡，这是最难画的两张，尤其是侧面和背面的中间过渡的那张。尽量添加一条脸颊至嘴巴的中间线，让脸部转过去（如图5-17所示）。

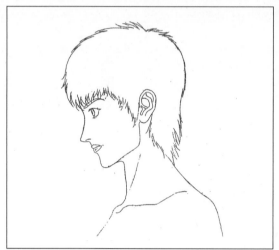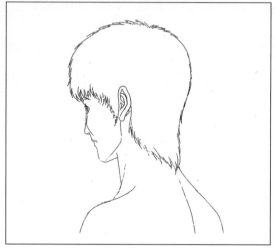

⊕ 图5-17　侧面和1/4侧面

（4）通过上述步骤，可完成头部的180°平行转面。若想完成360°循环转面的过程，其余的过程就是原来180°那些动画的反拷贝。不过要注意保持支点的一致性和头发变化的规范性（如图5-18和图5-19所示）。

⊕ 图5-18　转面赏析（一）

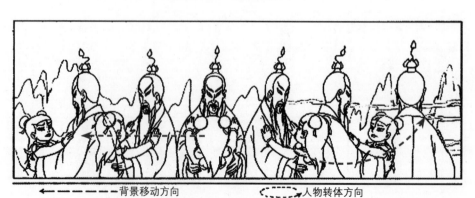

← - - - - - - 背景移动方向　　　⟨- - -⟩ 人物转体方向

⊕ 图5-19　转面赏析（二）

2．其他元素

若是在转面的过程中，加入一些其他元素，就可避免人物过于呆板，让转面更加富有生动感。

（1）转面时加入一些表情的变化。

（2）转面时加入一些其他附属动作，例如头发和披肩的飘动。

（3）让转面的顺序有一个交替性，比如先是眼珠的转动，再是头部的转动，最后带动肩膀的转动。三个转动不是同时进行的，都有一个时间差，这样人物就更有灵气（如图5-20所示）。

⊕ 图5-20 转面时眼珠的变化

四、其他角度的转面

1．抬头和低头

（1）在低头过程中，眉毛圆弧线，是头顶圆的扩展。在抬头过程中，眉毛抬的高度和下巴上升的高度相等（如图5-21所示）。

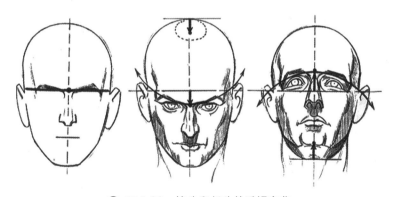

⊕ 图5-21 抬头和低头的透视变化

（2）在抬头和低头中，耳朵的高度与眉弓到鼻子底的高度相等。侧面抬头低头时，耳朵的长度不变（如图5-22所示）。

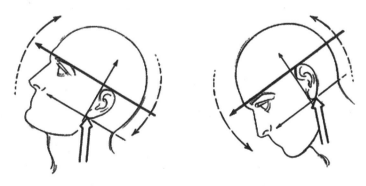

⊕ 图5-22 抬头和低头时耳朵的变化

2．特殊角度转面

特殊角度转面应注意其透视的变化。无论如何转面都应遵循比例规律，即额头至鼻子再到下颌的中心线在运动轨迹线上移动的距离和后脑添加的距离相等。只是这条轨迹线是弧线（如图 5-23 所示）。

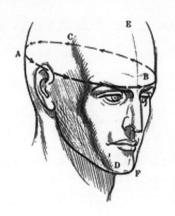
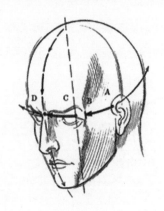
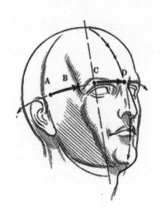

⬆ 图 5-23　特殊角度的转面造型

第三节　人的表情和口形

要塑造一个成功的角色，对于动画角色的肢体动作的表现固然重要，但绝对不能忽视角色的表情所具有的表现力。因为在动画中，动作戏和表情戏各占相当的比例。所以塑造不同性格角色，除了设计形体动作以外，还需要掌握人物脸部表情的变化和讲话时的神态及嘴部的口形动作。

在动画片中，一般剧情中都有大量的对白和各种情绪的动作表现，这是叙事的需要，也是塑造角色的需要。通常情况下，这些情绪的表现不仅通过角色的肢体动作，更多情况下是通过角色的表情来表现的。表情的变化很多，也很微妙，并且最能够直接反映人物的内心活动，是人物情绪变化、内心活动的外露表象。所以在学习人的运动规律中，就要涉及表情与口形的运动规律。

一、表情

面部表情，是角色的心理活动在脸上的流露和反映。当剧情要求角色展现故事中人物的情绪时，可以通过肢体语言来表现，但是如果只运用肢体语言而忽视表情对情绪的刻画，那么这段精彩的好戏将有可能会是苍白无力，或是不到位的。所以表情是展现情绪最为重要的器官，眼睛、眉毛、嘴或是整张脸都可以通过改变正常形状来体现情绪的变化。

动画片里的角色造型，一般都是经过夸张、概括、性格化了的形象，外形特征比较鲜明。原画刻画角色面部表情时，必须从人物性格出发，抓住特定情景下人物的典型表情。所以，在日常生活中，应当注意观察、研究人们在不同情绪下的表情变化，积累一定的素材。实际工作中，也可以自己对着镜子，做一做戏中角色所需的神态表情，仔细揣摩，勾画出表情草图，然后加以概括和夸张。

原画要想准确画好角色的表情，首先要了解产生面部表情变化主要的三个区域及三个部位。三个区域，是指脸部的额头、脸颊和下颌肌肉的变化；三个部位，是指脸上的眉毛、眼睛和嘴外形的变化。

笑——这是愉快的表情。它的基本特征是：头部略微上仰,额头微有皱纹,眉毛上扬,眼睛几乎闭合成下弧形,脸颊肌肉向上提起,脸形变宽,嘴巴张开露齿,嘴角向上挑起,鼻唇沟线加深上抬成内弧形,下颌拉紧。这是笑的基本表情。笑有微笑、大笑、狂笑,在形态变化的幅度上,也会产生差异。

哭——这是悲哀的表情。它的基本特征是：头颈软弱、微倾斜,眉梢和眼角倒挂下垂,脸颊肌肉无力下沉,鼻唇沟线加深,下部向内弯曲,嘴唇微张、嘴角下垂、下颌松弛。这是哭的基本表情。哭有悲哀、哭泣、大哭之分,形态变化的幅度,也会有所不同。

惊——这是惊吓的表情。它的基本特征是：头部略微前伸或后缩,脖子僵直,面颊肌肉拉长,眉毛高高吊起,眼睛放大圆睁,眼眶内眼珠居中四周露出眼白,嘴巴张大仅见下齿,下唇倒垂,鼻唇沟线略微拉直,下端向内弯曲,下颌收缩。这是惊的基本表情。惊有惊异、恐惧、恐怖之分,形态变化的幅度也会有所区别。

以上仅以几种神态表情为例说明。动画片角色造型的面部形象,一般是由几根简练的线条所组成,要画好面部表情,主要靠脸部外形轮廓和五官形态上的变化。同时,还可以根据需要适当增加几根表情辅助线,增强面部表情的特征。

人的表情变化微妙,对一般常见的表情动作所代表的情绪变化的含义进行归纳和总结,并在此基础上,找到造成这样特殊表情变化动作的规律性（如图 5-24 ～图 5-27 所示）。

⊕ 图 5-24　表情的造型（一）

卡通化的脸相对于写实化的脸更容易用夸张的手法表现,运用夸张的手法塑造角色的表情,会让角色更加生动,也更能凸显情绪的变化。

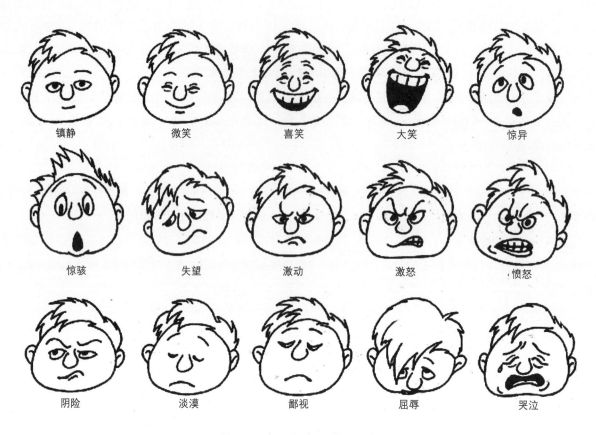

镇静　　　　　微笑　　　　　喜笑　　　　　大笑　　　　　惊异

惊骇　　　　　失望　　　　　激动　　　　　激怒　　　　　愤怒

阴险　　　　　淡漠　　　　　鄙视　　　　　屈辱　　　　　哭泣

✦ 图 5-25　表情的造型（二）

✦ 图 5-26　表情的造型（三）

⬆ 图 5-27　表情的造型（四）

二、口形

对白语言是角色与角色之间或角色与观众之间，进行思想沟通的重要手段之一。角色对白镜头的设计，尤其是近景或特写镜头，口形动作的变化是十分重要的。人说话的声音，必须通过嘴唇的张合运动才能传达出来。在一部动画片后期配音时，演员必须按照片子里角色的口形动作，进行对白配音。因此口形动作的设计、口形变化的速度和节奏应该准确，不能随意。原画绘制口形动作，应当注意以下几点。

（1）口形动作的变化要与脸部肌肉、眼神变化相互配合。例如，讲"啊"字音时，脸形适当拉长；讲"衣"字音时，脸形略微放宽；讲"喔"字音时，脸形就应稍微变窄等。

（2）画口形变化时，不可忘记应以角色嘴巴造型结构为基础，如此才会不失原来形象的特点。

（3）口形与发音是密切相关的。有些是发一个音为一个口形，有些发一个音就有一张一合两个口形动作，而又有些发第一个音到发第二个音，口形变化甚微，只是口腔里舌尖或牙齿的运动。所以，不能简单地理解为发一个音就必须或只能画一个口形动作。

（4）动画片中角色的口形动作，也必须概括提炼、抓住重点，突出一句话中最有代表性的几个口形动作。切勿搞得繁杂、琐碎，以免适得其反。

（5）目前都采用规范化的口形动作，基本上分为 A、B、C、D、E、F、G 七种类型。在画原画时应该按照对白的发音，准确选定口形的类型表达，并且在摄影表里明确提示动画、中间画口形变化的类型和位置。

（6）画对白镜头时，如果没有先期对白录音作标准，就一定要认真计算时间，注意讲话时的语气和节奏，在摄制表上将发音吐字和停顿的地位定准。只有这样，后期演员配音时，口形与发音才能合拍、协调。如果口形动作时间没有掌握准，则将造成配音时的许多麻烦。往往应该发音时，画面上没有口形，当语句停顿不该发音时，画面上口形还在乱动，令人看了很不舒服。

口形与表情的设计，第一步是先研究角色对白时的动作，使对白与动作配合。例如，他是爱打架的，他会向前猛冲，并不断用手势加强语气；他是羞怯的，他会向后退缩，带歉意地说话；他很狡猾，他就会假装微笑。同时，很快地一瞥，看看对他的话有什么反应等。

第二步包括角色的口形和脸的下半部分动作的设计,要逐格地和摄制表上的对白同步,反复听对白的语气是很重要的。将录音声带反复播放,直到加重的方式、声音的起伏都弄清楚,然后再设计口形与对白同步的视觉效果(如图 5-28 ～图 5-30 所示)。

☝ 图 5-28　七种口型类型

☝ 图 5-29　口形图

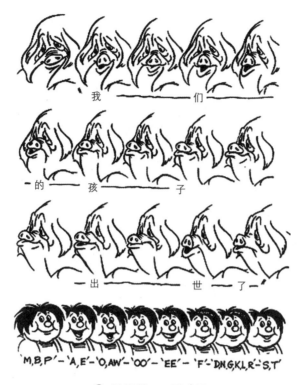

我 ————— 们

—的 ———— 孩 ——— 子

—出 ———— 世 —— 了

'M,B,P' — 'A, E' — 'O,AW' — 'OO' — 'EE' — 'F' — 'DN,G,K,L,R' — 'S,T'

⊕ 图 5-30　口形动画

我们不能单独仅仅为角色做口形动画，还要考虑角色在说这话时的身体表演，这样可以让动画更加生动（如图 5-31 所示）。为了使动作的节奏与音乐的节奏达到高度准确的结合，一般影院动画都选择先期录音的创作方法。如果采用后期录音，无论指挥在打拍上怎么准确，也很难保证乐队在演奏时每一小节都能对准动画的节奏。此外有些软件可以根据音频自动生成角色口形并与配音同步，比如 Toon Boom Harmony 等（如图 5-32 ～图 5-34 所示）。

"—不能这样—"

"他们—"

"—对待—"

"—我！"

⊕ 图 5-31　加表演的对白

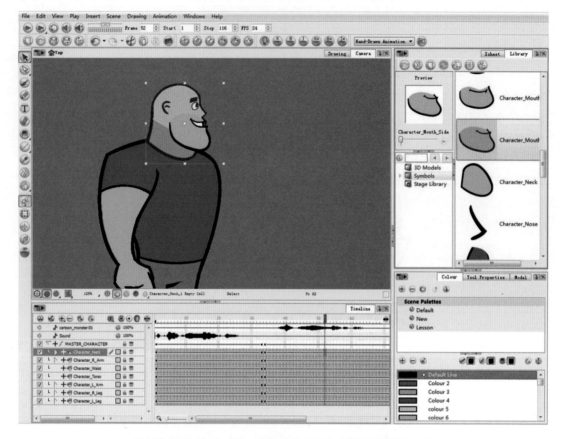

☆ 图 5-32 Toon Boom Harmony 制作口型同步动画（一）

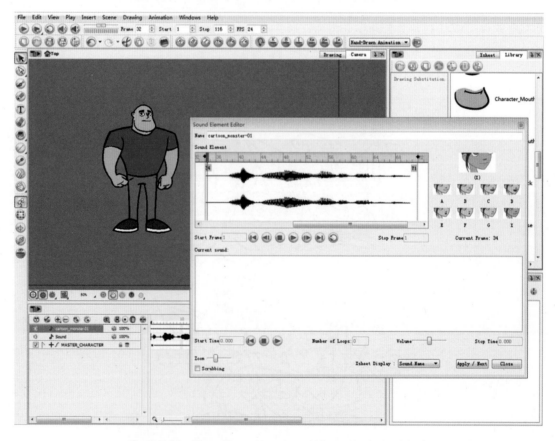

☆ 图 5-33 Toon Boom Harmony 制作口型同步动画（二）

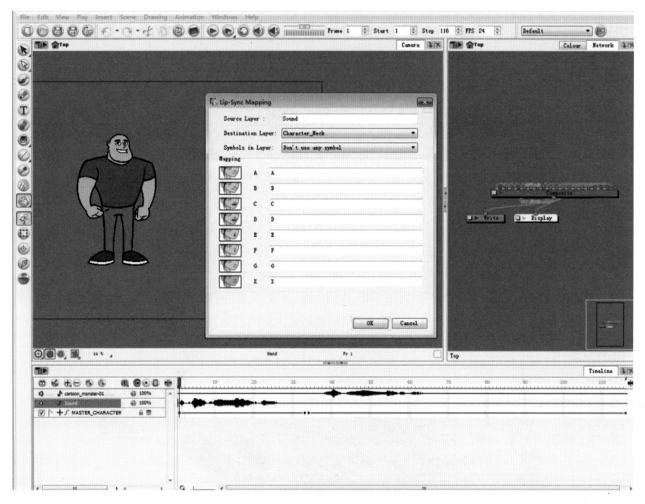

图 5-34　Toon Boom Harmony 制作口型同步动画（三）

思考题

1. 画 5 个不同角度头部造型图。

2. 画一套 360° 人物头部转面的动画。

第六章
人物的走路、跑步和跳跃

在动画片中,角色的表现占很大的比例,即便是动物题材的角色,也需要大量的拟人化处理。而人的动作是非常复杂的,人的肢体活动受到人体骨骼、肌肉、关节的限制,并且因在年龄、性别、体形等方面存在差异而导致其动作千差万别。但人日常生活中的一些动作,例如,人的走路、奔跑、跳跃等,都有一些相似的特征,也就是说人物的肢体动作是具有一定规律的,本章主要介绍人物(也包括拟人化的动物)的运动的基本运动规律(如图 6-1 所示)。

⤴ 图 6-1　人物的运动

第一节　人物运动的四个概念

关于人物运动的基本特征可以归纳为:一条线、两平衡、三体积、四柱形(如图 6-2 所示)。

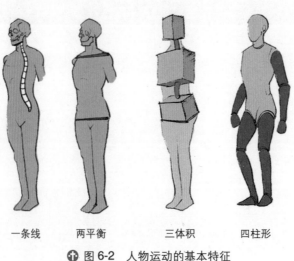

　　一条线　　　　两平衡　　　　　三体积　　　　四柱形
⤴ 图 6-2　人物运动的基本特征

一、一条线

所谓"一条线"即人物的动态线,它是人体中表现动作特征的主线。动态线一般表现在人体动作中大的体积变化关系上。人物侧面时,动态线往往体现在外轮廓的一侧;当人物正面时,动态线会突出于脊椎和四肢的变化。抓住动态线对于画好动态画面是至关重要的,如果动态线出错,会导致动作畸形(如图6-3 ～图6-6所示)。

⊕ 图6-3　运动中的动态线(一)

⊕ 图6-4　运动中的动态线(二)

⬆ 图6-5　运动中的动态线（三）

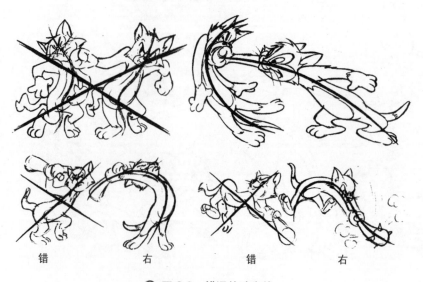

错　　　　　　　右　　　　　　　错　　　　　　　右

⬆ 图6-6　错误的动态线

二、两平衡

两平衡是指肩胛和骨盆的两条线。它们相互交错,构成了人体运动中的平衡性,不至于失去重心,肩胛和骨盆的关系具体如下。

(1) 人体在正立时,两横线呈现水平状,相互之间是平行的。

(2) 人体只要稍有活动,两横线之间的平衡关系就要起变化,正常动作中的两横线对应端的位置应该是相反的。

(3) 人在走路和跑步时胸部和腹部是形成扭动关系,两横线前后旋转,其旋转的幅度取决于四肢的运动幅度(如图 6-7 所示)。

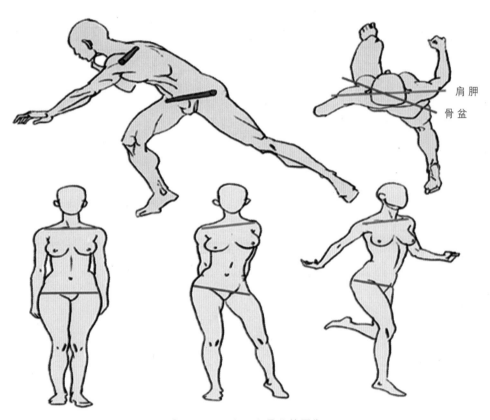

肩胛
骨盆

⊕ 图 6-7　肩胛和骨盆的平衡

三、三体积

人体骨骼有三个主要部分:头骨、胸廓和骨盆,它们由可弯曲的脊柱连起来。由于脊柱的活动,使头、胸廓和骨盆之间的关系发生很多变化(如图 6-8 和图 6-9 所示)。

四、四柱形

四柱形是指人体的两只手和两只脚,它们的体型是圆柱形,人体运动过程中手脚是最灵活的部位,它们的不同姿势构成了人在运动中的千姿百态(如图 6-10~图 6-12 所示)。

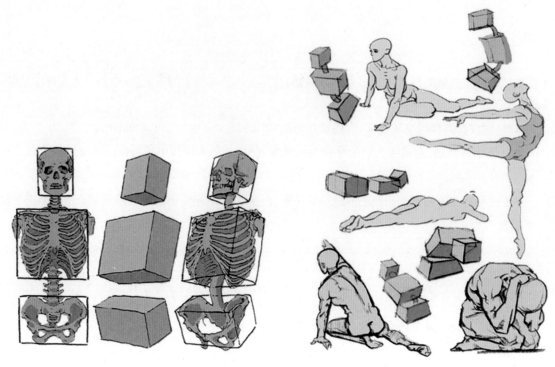

⬆ 图 6-8 三体积（一）

⬆ 图 6-9 三体积（二）

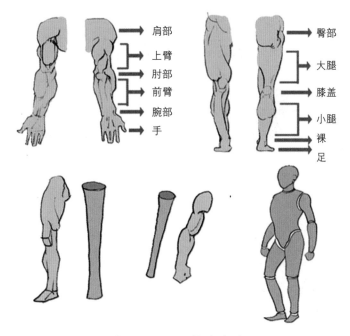

肩部
上臂
肘部
前臂
腕部
手

臀部
大腿
膝盖
小腿
踝
足

✝ 图6-10 四柱形（一）

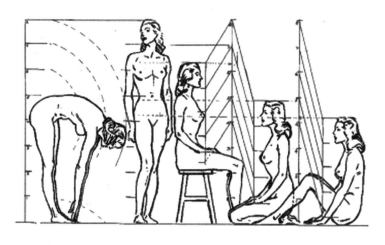

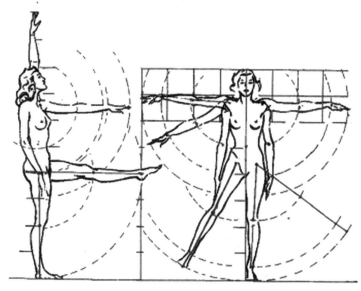

✝ 图6-11 四柱形（二）

△ 图 6-12　四柱形（三）

第二节　人物走路的基本特点

　　走路是人生活中最常见的动作之一，也是动画中常见的运动方式。在动画人物的动作中，占了很大的分量。同时走路也是运动规律中的难点，如动画大师肯·哈里斯说："要学习的第一件事就是画行走，研究各种各样的行走姿势，因为走路差不多是最难画准确的。"

　　行走是一个向前扑并及时站稳不致摔倒的过程。我们向前移动时会尽力不让自己扑倒，如果脚不着地，我们就会摔倒。行走就是这样一个控制摔倒的一系列过程。人行走时，上身会向前倾，一只脚迈出去的同时要保持身体平衡。就这样迈一步、站稳，迈一步、站稳，再迈一步、再站稳。一般人行走时脚会尽可能少地离开地面，所以脚趾头才容易撞上东西而绊倒。

　　行走的基本规律如下：左右两脚交替向前，传递到双腿带动躯干向前运动。为了保持身体的平衡，配合两条腿的屈伸、跨步，上肢的双臂就需要前后摆动。因人物造型和片子风格的不同，人物的走或跑的动作也有许多画法，我们首先来研究一下走路的基本特点。

一、人的高度

　　人在走路时为了保持重心，总是一条腿支撑，另一条腿才能提起跨步。因此，在行走过程中，头顶的高低必然呈波浪形运动。当迈步双脚同时着地时，头顶就略低，当一只脚着地另一只脚提起朝前弯曲时，头顶就略高（如图 6-13 所示）。

⊕ 图 6-13　人物身高的变化

二、肩胛和骨盆

　　走路中两脚交替和两手交替时的动作是相反的运动方向。因此,人的肩胛和骨盆呈相反的方向运动。从顶视角度看,当肩胛左端向下时则骨盆左端向上,从俯视角度看,肩胛和骨盆的两条线是前后交替的运动（如图 6-14 和图 6-15 所示）。

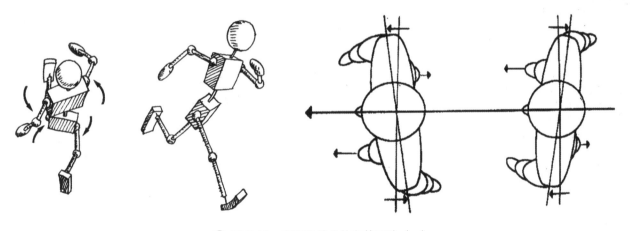

⊕ 图 6-14　肩胛和骨盆的交替运动（一）

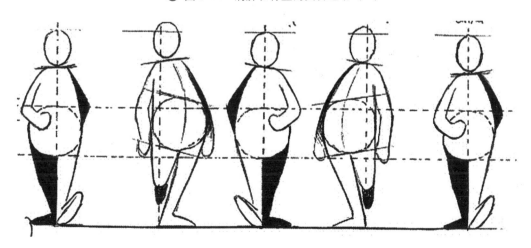

⊕ 图 6-15　肩胛和骨盆的交替运动（二）

三、走路中的两只脚

1．膝关节呈弧形运动

走路动作过程中，跨步的那条腿，从离开地面到朝前伸展落地，中间的膝关节必然呈弯曲状。膝关节的位置呈弧形运动线（如图 6-16 所示）。

✙ 图 6-16　膝关节呈弧形运动

2．脚的变化

（1）在走路时，脚的运动是以脚跟为运动的轨迹线，其轨迹线是弧线运动。这条弧形运动线的高低幅度与走路时的神态和情绪有很大关系。

（2）脚面的朝向是由向后转向前。

（3）脚着地的过程是脚跟先着地，踏平，脚跟先抬起，脚尖后离开悬空运动，然后又脚跟着地（如图 6-17 ～图 6-19 所示）。

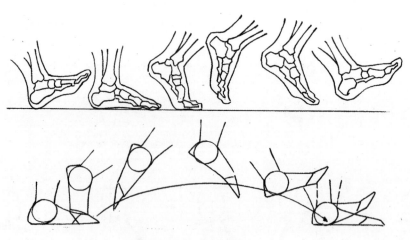

✙ 图 6-17　脚的变化（一）

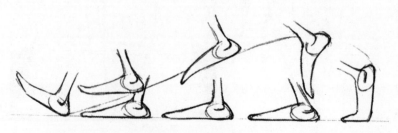

✙ 图 6-18　脚的变化（二）

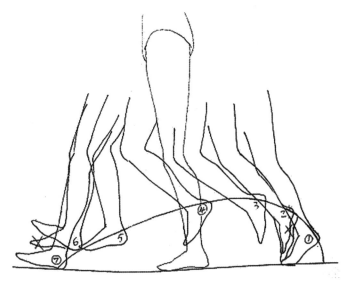

⊕ 图6-19　脚的变化（三）

3．两脚运动的时间分配

（1）两头慢中间快

两头慢中间快是指提起的那只脚，是离地和落地时的距离较慢（即动画张数多），而中间提腿、屈膝、跨步过程的距离较长（即动画张数少）。这种手法常用来表现轻步走路的效果，如角色蹑手蹑脚，使行走不想发出声响（如图6-20所示）。

（2）两头快中间慢

两头快中间慢是指提起的那只脚，是离地和落地时的距离较慢（动画张数少），而中间提腿、屈膝、跨步过程距离较短（动画张数略多）。这种手法，常用来表现稳步走路的效果，角色兴致盎然地阔步向前，步伐坚定有力时的姿态。适用于正步走，精神抖擞地走等重步走路的效果（如图6-21所示）。

⊕ 图6-20　两头慢中间快的走路

⊕ 图6-21　两头快中间慢的走路

四、手臂的运动

在人的走路中多数手臂的动作以肩胛为轴心，就像一个钟摆来回摆动。前后都遵循一个弧线运动，当肩膀在过渡位置上抬起时，手臂处于弧线的最低位置。手臂摇摆以平衡走路的力度，手臂的动作一般来说，动作的过程不是弧线就是8字形。手臂向前时会弯曲肘关节，向后收回时再次让关节弯曲。

手臂摆动幅度最大的位置,不是接触点位置,而是下降位置。为了让手臂摆动更加灵活,我们会拖动手。这样,在摆动的每一个结尾处,手臂就能有较流畅的小小重叠。在过渡位置下落肩膀（如图 6-22 和图 6-23 所示）。

⬆ 图 6-22　手臂的运动（一）

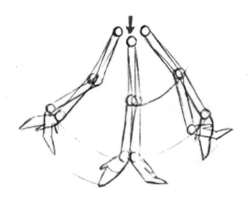

⬆ 图 6-23　手臂的运动（二）

五、头部的运动

　　在一般的人物走路中,不要把身体和头部的循环运动画成圆圈或 8 字形的动作（如图 6-24 所示）。否则就会像小鸟在走路,除非要这种特殊效果,通常会把头部画成上下的运动（如图 6-25 所示）。如果走路时,头部有左右摆动,则角色的特点是自我陶醉的人（如图 6-26 所示）。

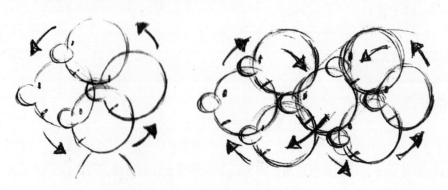

⬆ 图 6-24　一般不要画成圆圈或 8 字形

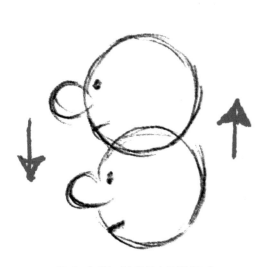

◆ 图 6-25 通常是上下的运动

◆ 图 6-26 头的摇摆显出自我陶醉

第三节 人物走路的绘制步骤

人行走的姿态各不相同,但人行走的最基本的方式都大同小异的,所以动画大师们总结出一套既简单又容易掌握的行走动作,也就是最基本的行走运动规律,懂得这些动作的基本规律,并熟练掌握相应的表现人物行走规律的动画技法,就能进一步根据剧情的要求创作出各种各样的角色走路。

一、走路的重量感

当我们直接把标准化的真人走路用摄像机把人的行走动作拍下来然后再拓出来时(专业术语叫Rotoscope),我们发现效果并不好(如图 6-27 所示)。真人走得没问题,但是完全把它走路赋予动画角色,会发现动作变得轻飘飘的,没有重量感。因此,动画大师就增加了身体上下移动的幅度,突出或夸张这些上下移动的动作,这时重量感就出来了(如图 6-28 所示)。在下降位置时,双腿弯曲,身体主体下降,我们就感到重量了(如图 6-29 所示)。

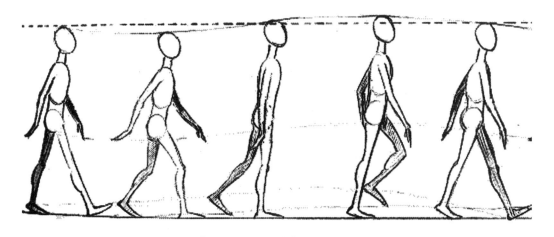

◆ 图 6-27 直接摹画真人走路

✪ 图 6-28　腿有没有承载重量的区别

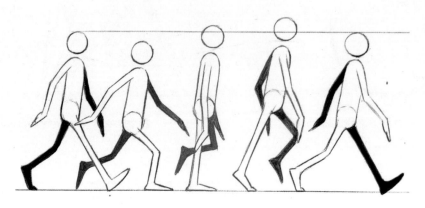

✪ 图 6-29　动画中的标准走路

二、绘制步骤

（1）先画两脚着地的第 1 张和第 5 张原画，这时分别是脚跟和脚尖着地，两脚跨度最大。胳膊正向与腿相反的方向运动，这样身体才能平衡、有力（如图 6-30 所示）。

（2）然后我们画中间过渡的第 3 张原画，这张单脚直立着地，骨盆、身体和头部都被抬高一点（如图 6-31 所示）。

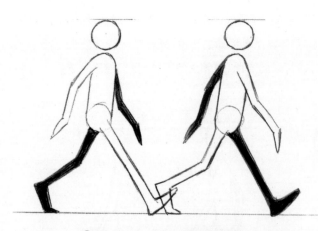

✪ 图 6-30　先画两脚着地的原画

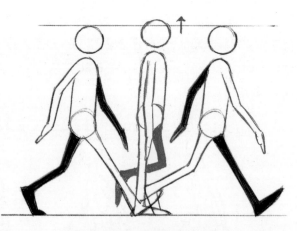

✪ 图 6-31　画中间过渡画面

（3）接着画第 2 张原画，这张身体下降最低的位置，弯曲的腿承受重量。这张决定走路的力度，是预备动作，同时两胳膊的幅度最大（如图 6-32 所示）。

（4）最后我们画第 4 张原画，这张身体上升，骨盆、身体和头部都被抬高至最高位置。同时前脚上提，膝盖最高（如图 6-33 所示）。

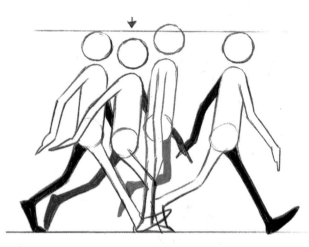

⤒ 图 6-32　画第 2 张原画

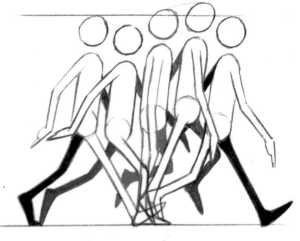

⤒ 图 6-33　画第 4 张原画

三、设定节奏

画走路的动画首先设定一个走路节奏，一般人走路的节拍是 12 格，即每秒走两步。但是 12 格对动画师来说不容易均分，2 张原画之间要加 3 张中间画，这种画法相对复杂（如图 6-34 和图 6-35 所示）。所以一般动画师会设定为 16 格，每步 2/3 秒；或 8 格，每秒 3 步，这样就容易均分（如图 6-36 和图 6-37 所示）。

下面是常见的动画走路节奏：

4 格——飞快地跑（每秒 6 步）。

6 格——跑或快走（每秒 4 步）。

8 格——慢跑或"卡通式"走路（每秒 3 步）。

12 格——"行军式"走路（每秒 2 步）。

16 格——休闲漫步（每步 2/3 秒）。

20 格——老人或疲惫的人（几乎每步用 1 秒）。

24 格——很慢地走（1 秒 1 步）。

32 格——老态龙钟地走（1.5 秒 1 步）。

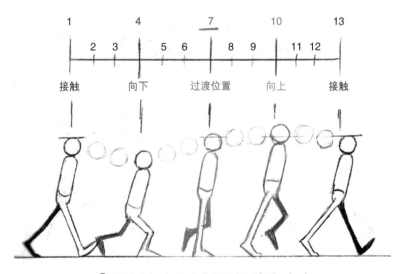

⤒ 图 6-34　加 3 张中间画相对复杂（一）

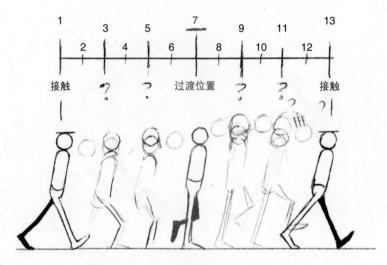

⊕ 图 6-35　加 3 张中间画相对复杂（二）

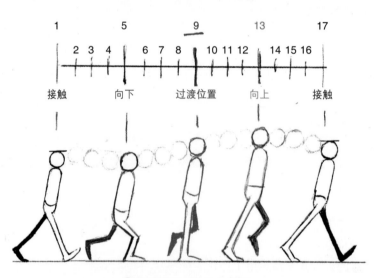

⊕ 图 6-36　16 格的走路

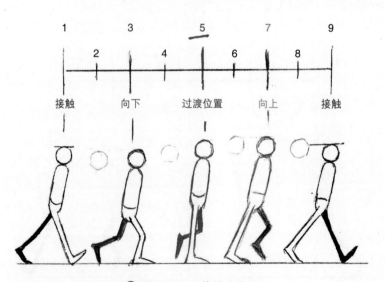

⊕ 图 6-37　8 格的走路

第四节　不同心情的走路绘制

在特定情景下,角色的行走姿态受环境和情绪的影响,会有所不同。例如,情绪放松地行走;心情沉重地踱步;身负重物地行走;骄傲地走等。在表现这些动作时,就需要在运用行走基本规律的同时,又要和人物姿态的变化、脚步动作的幅度、走路的运动速度和节奏密切结合起来。

我们可以通过观察角色的外部行为特征,来了解人物的内在性格。演员通过他们要扮演角色的行走方式来体现这些角色的性格特点,很多故事都藏在行走的方式背后。我们经常会通过行走的姿势,来判断一个人的职业、年龄、经济状况、身体状况等,也可以通过他们的行走节奏和态势,来断定他今天的情绪怎样,是高兴、抑郁,还是愤怒等。下面我们来看看几组常见的不同心情的走路特点。

一、普通走路和昂首阔步走路

普通走路和昂首阔步走路如图 6-38 和图 6-39 所示。

（1）两个身体变化曲线正好相反。

（2）昂首阔步走路头部向后倾斜,而普通走路头和身体几乎是笔直地前倾。

（3）昂首阔步走路,身体弹性更足。

✪ 图 6-38　人物正常地走路

✪ 图 6-39　昂首阔步地走路

二、高兴地走路

（1）双手幅度较大,抬得很高,高过头顶,手掌呈游动状态。

（2）肩膀和骨盆运动幅度较大。

（3）两脚分开的距离大,向外张。

（4）走路非常高兴时,也可以表现为跳跃（如图 6-40 和图 6-41 所示）。

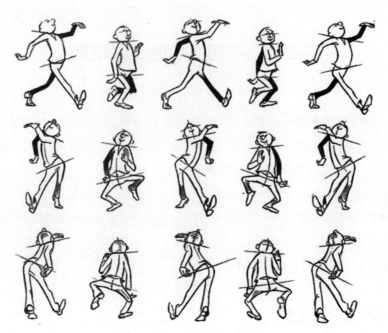

⬆ 图 6-40　人物高兴地走路

⬆ 图 6-41　兴高采烈地走路

三、垂头丧气地走

（1）头向前冲，上下稍微晃动。头的弧线与正常走一样。

（2）脚的弧线是先向前再向后。

（3）两手插在口袋中，基本不动。

（4）弓着背（如图 6-42 所示）。

⬆ 图 6-42　垂头丧气地走路

四、小心翼翼地走路

（1）脚着地时间长。

（2）两条弧线，头部弧度大，先向后再向前。

（3）身体运动幅度大，1、2、3 身体弧线向下，第 1 张身体稍拉长。

（4）4、5、6 弧线向上（如图 6-43 所示）。

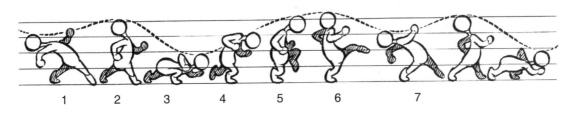

1　　2　　3　　4　　5　　6　　7

🔼 图 6-43　人物小心翼翼地走路

五、踮着脚走路

（1）脚尖着地，脚跟不着地。

（2）身体收缩。

（3）弓着背（如图 6-44 所示）。

🔼 图 6-44　踮着脚走路

六、双弹簧式走路

（1）运动时身高的曲线有两个坡度。

（2）蹬腿有力，两手摆动幅度大，走路节奏感强（如图 6-45 所示）。

🔼 图 6-45　双弹簧式走路

第五节　不同类型人物走路的特点

从第四节中，我们可以看到不同心情人物的走路存在着一些差异。那么不同类型的人物，例如老人和小孩、文人和武夫、孕妇和少女等，他们因年龄、身份、职业、性别的不同，所表现出来的走路姿势也是不尽相同的。因此没有两个人的走路姿态是完全一样的（如图 6-46 所示）。

一、生气男子走路和少女走路

生气男子走路：动作机械，手脚少弯曲，踩脚有力。

少女走路：动作柔软，脚尖着地，步伐柔软，呈 S 形（如图 6-47 和图 6-48 所示）。

🔼 图 6-46　不同类型人物走路

🔼 图 6-47　生气男子走路和少女走路的比较

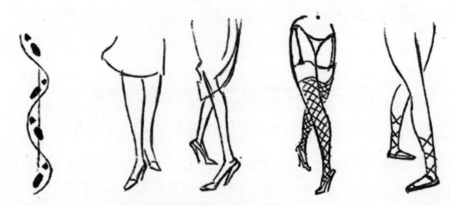

🔼 图 6-48　少女走路的步伐

二、酒鬼走路和水手走路

酒鬼走路：很难保持平衡，动作无规律，但头部常常不动。

水手走路：两脚分得比较开，且动作机械，身体左右晃动（如图 6-49 所示）。

⚠ 图 6-49　酒鬼走路和水手走路的比较

三、儿童走路和婴儿走路

儿童走路：动作夸张，两脚抬得较高。

婴儿走路：不断失去平衡（如图 6-50 所示）。

⚠ 图 6-50　儿童走路和婴儿走路的比较

了解了走路的基本运动规律后，还要注意观察生活，甚至参加表演课程的学习，提高对动作的观察和理解。日常生活中练习速写是很好的方法，并且最好是再拿一块秒表。利用速写记录不同的人行走的步态和感觉，用秒表测量估计步行的速度，因为生活就是最好的老师。

第六节　人物跑步和跳跃

一、跑步的基本规律

人跑步是走路的"升级"。它和走路的很多特征都相同，只不过比走路来得更猛烈些。跑步的基本规律有以下特点。

（1）跑步时，身体重心比走路时更向前倾斜，快跑时身体前倾更明显（如图 6-51 所示）。

⬆ 图 6-51　走路、跑步和快跑重心的比较

（2）两手自然握拳。手臂略呈弯曲状前后摆动，抬得高些，甩得有力些，快跑时手臂向前伸直。

（3）脚步跨度大，快跑时跨度更大，膝关节屈曲的角度大于走路动作。

（4）两脚没有同时着地，但两脚有同时离地的腾空画面。这与走路相反，走路时两脚没有同时离地，但有同时着地的画面。

（5）头部曲线与正常走路相同，身躯前进的波浪式运动曲线比走路时更大。

（6）在跑步过程中，第 2 张是准备动作，它重心向下，两脚回收，是最低的画面。第 4、5 张是腾空的画面，位置最高。第 5 张的手摆动幅度最大。第 3 张是蹬腿的画面，是跑步力度表现的关键。1、3、6 头部一样高，都有一只脚是着地蹬直的，脚的弯曲幅度要大（如图 6-52 所示）。

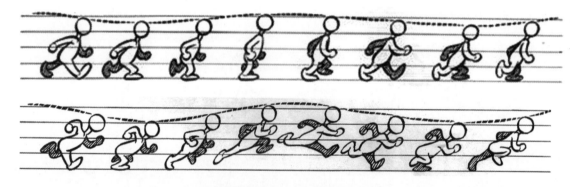

⬆ 图 6-52　走路与跑步的区别

（7）脚的运动轨迹是波形曲线（如图 6-53 所示）。

⬆ 图 6-53　脚的运动轨迹是波形曲线

二、疾跑

在飞奔中，人的脚踝是不着地的。基本靠脚尖来支撑、蹬出，尽量不让脚板贴地。这样的跑法，实际上就是动

物类中的"蹄行"和"趾行"跑法。能减少脚底与地的接触面,增加脚尖弹跃的力量,获得更快的速度(如图 6-54 所示)。

⊕ 图 6-54 快跑的特点

三、跑完后的动作延续

一个人在疾跑中是难以突然刹住停下来的,因为这时惯性在起作用,突然刹住人是要摔倒的,必须有一个缓冲过程,动作才能逐渐停下来。我们在表现这种惯性很大的动作时,需要注意刻画缓冲、平衡的动作姿态(如图 6-55 和图 6-56 所示)。

⊕ 图 6-55 惯性很大的动作

⊕ 图 6-56 跑完后的动作延续

四、人跳跃动作的基本规律

一个人跳跃的运动过程表现为：身躯屈缩、蹬出腾空、着地、还原等姿势，人在起跳前身体的屈缩，表示动作的准备和力量的积聚，接着，一股爆发力单腿或双腿蹬起，使整个身体腾空向前；越过障碍之后，双脚先后或同时落地，由于自身的重量和调整身体的平衡，必然产生动作的缓冲，随即恢复原状（如图6-57和图6-58所示）。

⬆ 图6-57　跳跃的动作（一）

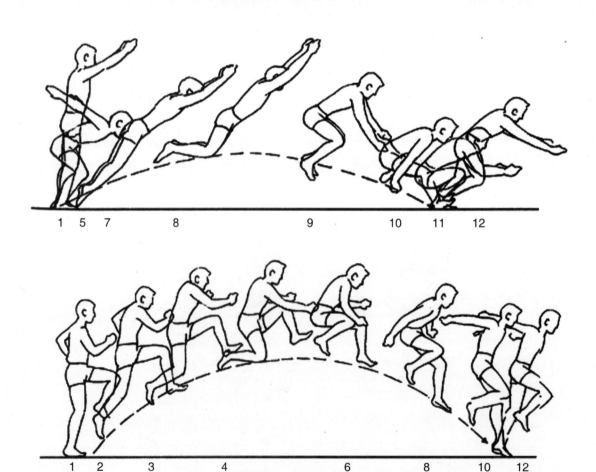

⬆ 图6-58　跳跃的动作（二）

在这个过程中，他的重心是以抛物线形式向前移动的，重心点从不稳定的平衡腾空跃出，再经着地后不稳定的平衡至调整身躯达到平衡稳定。姿态的变化和重心的移动，一定要达到协调一致，动作才优美。

运动线呈弧形抛物线状态。这一弧形运动线的幅度，会根据用力的大小和障碍物的高低产生不同的差别（如图6-59所示）。同时，跳跃的预备动作很重要，需做好充分的准备（如图6-60所示）。

↑ 图 6-59 跳跃的动作（三）

↑ 图 6-60 跳跃的预备动作

思考题

1. 讨论动画中人物的走路特征。
2. 绘制一组人物循环走路的动画。

第七章
动物的运动规律

在动画片中,动物的出现频率无疑是非常高的,无论作为拟人化的角色,还是原生态的配角（如图7-1所示）。从米老鼠、唐老鸭到小熊维尼；从《小鸡快跑》到《海底总动员》《冰河世纪》,可以说从动画的诞生到现在,动物撑起了动画片的半边天。所以掌握动物的运动规律对于动画从业人员来说是非常重要的技能。

⚡ 图7-1　拟人化的动物

第一节　四足动物的走路特征

一、四足动物的走路分类

四足动物的行走与奔跑和脚的构造有密切的关系,按其脚的构造可将四足动物分为以下几种。

1. 跖行

凡用前肢的腕、掌、指或后肢的跗、跖、趾全部着地行走的方式,称为跖行,即用脚板触地行走。这类动物的脚上,从趾头到后跟的部位上都长有厚肉的脚板,靠脚板贴地行走,缺少弹力,所以跑不快。熊类和猿猴类基本都是跖行性动物,人类也属于"跖行"动物,所以跑不过一般兽类（如图7-2所示）。短跑运动员作100米冲刺时几乎全用脚趾奔跑,脚掌部和跟部离地,尽最大限度减少接触面,以便增加弹力,这样跑的速度就增快了。

2. 趾行

奔跑速度较快的兽类,一般都是"趾行"动物,如虎、豹、狗等爪类的动物。它们全是利用趾部站立行走的。

它们的前肢的掌部和腕部,后肢的趾部和跟部永远是离地的,因此弹力强,步法轻,速度快,所以这些兽类都以善跑出名（如图 7-3 所示）。

⬆ 图 7-2　跖行

⬆ 图 7-3　趾行

3．蹄行

所谓蹄行,就是利用趾甲来行动。这类动物,随着环境的适应,四肢的指甲和趾甲不断扩大,逐渐溃化成坚硬的"蹄"。蹄行的兽类又分为奇蹄类动物和偶蹄类动物。奇蹄类动物有：马、犀牛等；偶蹄类动物有：牛、羊、鹿、骆驼、河马等（如图 7-4 所示）。

同是"蹄"行动物,但由于体形和蹄形发展不同,跑速也不同。如体形精干、四肢修长的马、鹿就比体形肥笨、四肢粗壮的牛、河马等动物跑得快,跑得灵活。

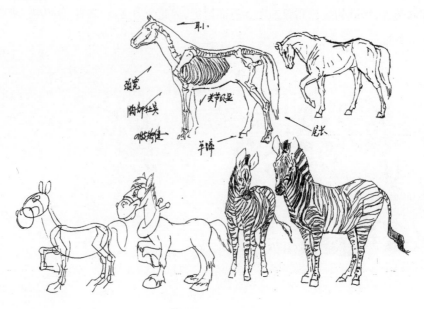

✿ 图 7-4　蹄行

二、四足动物走路的特征

1. 四条腿单侧两分、两合

开始起步时如果是右前足先向前开步,对角线的左足就会跟着向前走,接着是左前足向前走,再就是右足跟着向前走,这样就完成了一个循环。四条腿单侧两分、两合,俗称后脚踢前脚(如图 7-5 所示)。

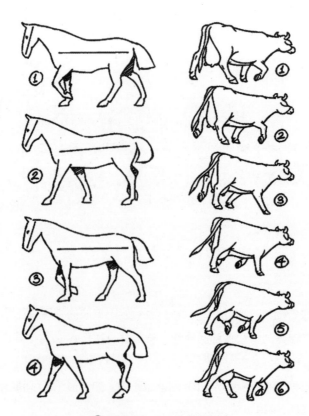

✿ 图 7-5　四足着地的顺序

2．前肢和后腿运动时的关节屈曲方向相反

前腿抬起时,腕关节向后弯曲;后腿抬起时踝关节朝前弯曲（类似人的手脚运动）（如图 7-6 和图 7-7 所示）。

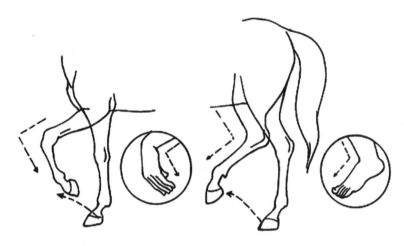

⬆ 图 7-6　动物腕关节和踝关节的造型

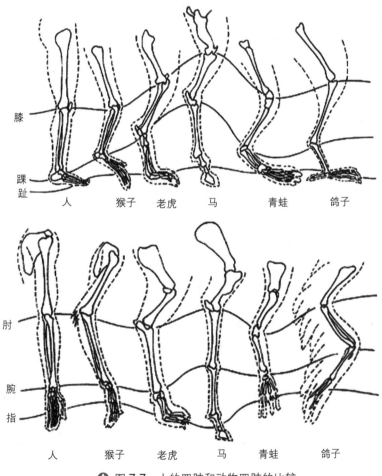

膝

踝
趾

　人　　猴子　老虎　马　青蛙　鸽子

肘

腕

指

　人　　猴子　老虎　马　青蛙　鸽子

⬆ 图 7-7　人的四肢和动物四肢的比较

3．蹄类动物关节运动明显

　　跖行动物和趾行动物因皮毛松软柔和,关节运动的轮廓不十分明显。蹄类动物关节运动就比较明显,轮廓清晰,显得硬直（如图 7-8 所示）。

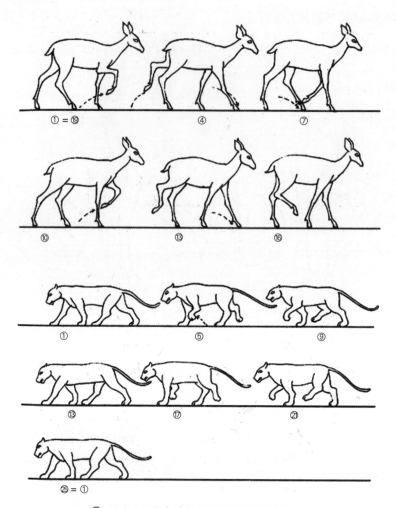

图 7-8　蹄类动物和爪类动物走路的比较

4．头部会上下略有点动

走路时头部动作要配合，一般是在跨出的前足即将落地时，头开始朝下点动，前足伸直时头抬起（如图 7-9 所示）。

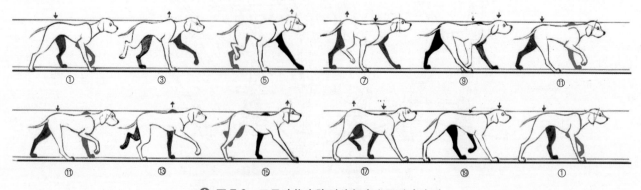

图 7-9　四足动物走路时头部会上下略有点动

5．身体的变化

走步时由于腿关节的屈伸运动，身体稍有高低起伏。从俯视角度看，肩部线和臀部线呈交替向前的状态，身体也随之扭动（如图 7-10 所示）。

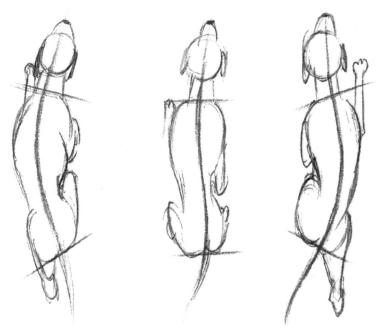

⊕ 图 7-10　四足动物走路时身体的变化

第二节　四足动物的基本走路、奔跑

一、四足动物走路的绘制步骤

（1）先画原画1、5，身体不变，前后两组脚对称。前两脚着地，后两脚一只立着地，一只弯曲。

（2）原画3与1，前两组与后两组交换。

（3）在原画2与4中，一组弯曲的腿，身体下降到最低的位置，另一组前脚蹬高，身体上提（如图7-11所示）。

⊕ 图 7-11　四足动物的基本走路与人的走路对比

二、动物奔跑动作

动物奔跑有以下基本特征。

（1）动物奔跑与走步时四条腿的交替分合相似。但是，跑得越快，四条腿的交替分合就越不明显。有时会变成前后各两条腿同时屈伸,着地的顺序为前面两条腿先着地。即前左、前右、后左、后右。脚离地时只差 1 ~ 2 格(如图 7-12 所示)。

🔂 图 7-12 四足动物基本跑步的原画

（2）奔跑过程中身体的伸展（拉长）和收缩（缩短）姿态变化明显（尤其是爪类动物）（如图 7-13 ~ 图 7-16 所示）。

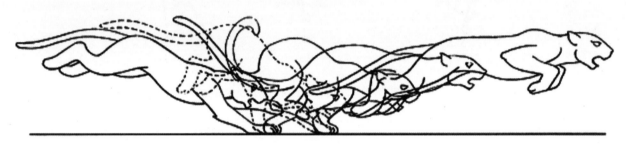

🔂 图 7-13 四足动物跑步时身体的变化（一）

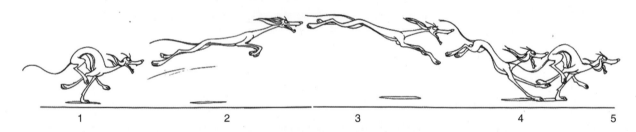

🔂 图 7-14 四足动物跑步时身体的变化（二）

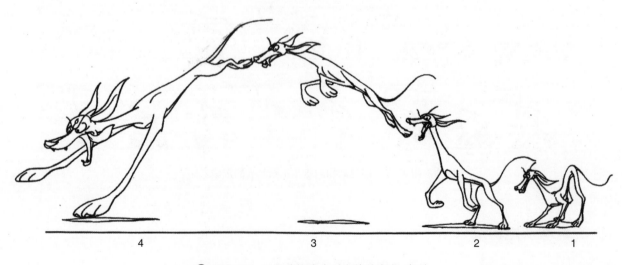

🔂 图 7-15 四足动物跑步时身体的变化（三）

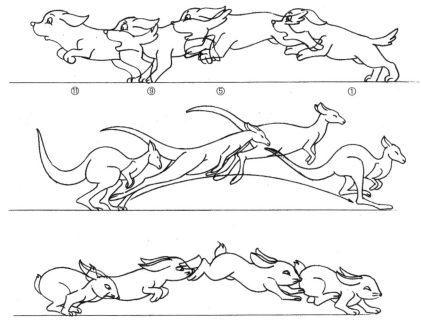

⑪ ⑨ ⑤ ①

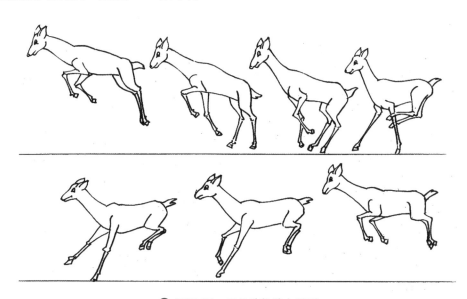

⊕ 图 7-16　四足动物跑步时身体的变化（四）

（3）在快速奔跑过程中，四条腿有时呈腾空跳跃状态，身体上下起伏的弧度较大。但在极度快速奔跑的情况下，身体起伏的弧度又会减小（如图 7-17 所示）。

⊕ 图 7-17　四足动物腾空跳跃

第三节　四足动物的不同状态的走路、跑步规律

一、小跑

（1）狗小跑时四足运动从人的跑步动作延伸出来。

（2）交叉成组：左前脚和右后脚是一致的，右前脚和左后脚是一致的。

（3）注意两侧脚的透视关系，它们不在同一直线上。

（4）与慢跑、快跑相比，躯体变化不明显。

（5）狗小跑时，动作比较轻松欢快（如图 7-18 所示）。

⬆ 图 7-18　狗的小跑与人的跑步对比

二、慢跑

（1）两脚分开和收拢较明显。

（2）躯干有前后高低的起伏变化。

（3）两脚不是同时着地，而是有一点时间差（如图 7-19 所示）。

⬆ 图 7-19　狗慢跑

三、快跑

（1）两脚分开和收拢最明显。

（2）躯干伸展（拉长）和收缩（缩短）姿态变化明显（如图 7-20 所示）。

⬆ 图 7-20　狗快跑

四、鬼鬼祟祟地走路

（1）脚尖着地，动作较慢。

（2）头抬得较高，脚也抬得较高。

（3）身体变化幅度大（如图 7-21 所示）。

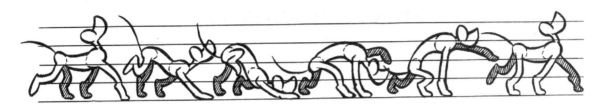

⊕ 图 7-21　狗鬼鬼祟祟地走路

五、踮着脚走路

（1）只有两只脚着地，身体形状大体不变。

（2）交叉成组：左前脚和右后脚是一致的，右前脚和左后脚是一致的。

（3）脚都是弯曲的，抬得较高，动作较慢（如图 7-22 所示）。

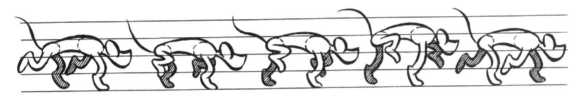

⊕ 图 7-22　狗踮着脚走路

六、趾高气扬地走

（1）踩脚有力，前肢迈出时头朝下，着地后头抬起。

（2）身体有弹性，给人以轻快的感觉（如图 7-23 所示）。

⊕ 图 7-23　趾高气扬地走

七、嗅着走路

（1）头贴着地面，后腿推动身体前进。

（2）注意动态曲线的交替（如图 7-24 所示）。

⊕ 图 7-24　狗嗅着走路

第四节 其他动物的运动规律

一、禽类

禽类动物按其自身动作特点,可分为以走为主的家禽和以飞为主的飞禽、涉禽两大类。

1. 家禽

以走为主的家禽,例如鸡、鸭、鹅等。它们主要是靠双脚走路,或浮在水面,有时可做短距离的飞翔。

(1)鸡的走路特点

① 双脚前后交替,身体左右摇摆。

② 为了平衡身体,头和脚协调的关系为:当一只脚抬起到中间,头向后收;当一只脚刚抬起时,头向前伸(头和脚动作前后时间差一格或二格)(如图 7-25 所示)。

⬆ 图 7-25　鸡的行走

③ 脚爪离地抬起向前伸展时,趾关节呈弧线运动(如图 7-26 所示)。

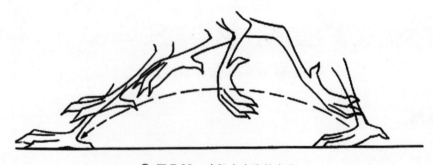

⬆ 图 7-26　鸡行走中脚的变化

(2)鸭、鹅划水动作

① 双脚交替划水,动作柔软,呈弧线运动。

② 当脚向后划水时,脚蹼张开,动作有力。当脚向上回收时,脚蹼紧缩,动作柔软,以减少水的阻力。

③ 尾巴会左右摆动(如图 7-27 所示)。

2. 飞禽

飞禽一般指能飞翔的鸟类,它们用两脚着地,用脚趾支撑身体。飞禽又分为雀类和阔翼类。雀类是形体比较小的鸟,翅膀不大,动作轻盈,例如麻雀、黄莺、蜂鸟等。阔翼类是形体比较大的鸟,其特点是翅膀长且宽,比如鹰、天鹅、海鸥等。

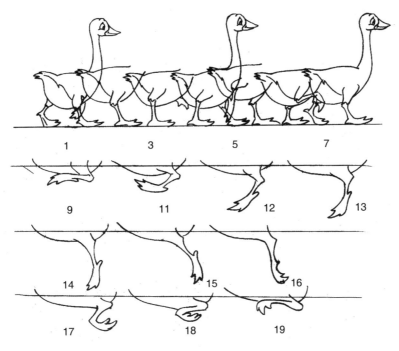

图 7-27　鹅走路和划水的动作

（1）雀类

雀类在空中的飞翔动作是流线型的,在空中消耗最小的能量,它凭借气流的方向,帮助飞翔动作,飞翔时腿部蜷缩着紧贴身体或朝后拖曳着（如图 7-28 所示）。

图 7-28　小鸟快速飞翔时,翅膀扇动频率高,常用流线表现

雀类飞翔中常常是夹翅飞窜,然后急速扇动双翅。快速飞翔时,翅膀扇动频率高,常用流线表现。飞翔时形体变化小（如图 7-29 所示）。

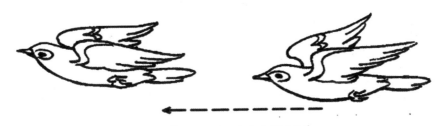

图 7-29　小鸟夹翅飞翔

雀类很少双脚交替行走，常是用双脚跳跃前进（如图 7-30 所示）。

✿ 图 7-30　小鸟的蹦跳运动

（2）阔翼类

阔翼类的运动主要以飞翔为主，飞翔的冲击力来自鸟翼向身体下面的空气气垫有力地一击。这时，空气阻力使羽毛之间紧密闭拢，而翅膀的面积则尽可能地张大，最大限度地增强冲击力，阔翼类胸部肌肉很发达，向下的冲击很有力。控制翅膀向上的肌肉力量则要小得多，这是因为空气阻力也小得多。在这一动作中，部分翅膀折叠起来，使面积缩小，而羽毛像叶片似的分开，让空气从间隙穿过，身体经常稍微向上倾斜。在向下一击时身体略微抬高，翅膀向上时，身体又稍稍落下（如图 7-31 和图 7-32 所示）。

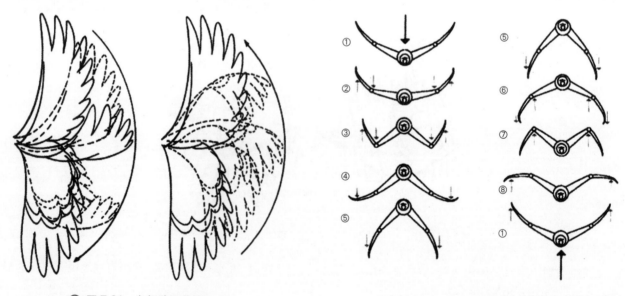

✿ 图 7-31　鸟翅膀呈曲线运动　　　　　✿ 图 7-32　翅膀可以想象为两个关节

在正常的飞翔中，翅膀不是笔直地上下的。向上扑打时，翅膀略向后。向下扑打时略向前。这与我们料想中向前飞翔的翅膀动作相反，不过向前的推动力实际上是由于翅膀表面适当的倾斜度产生的。翅膀的这种向前和向后的扑打，尤其是当鸟盘旋在空中时（这时身体几乎垂直，翅膀的扑打几乎水平）特别明显，当鸟飞升或降落在地上时也是如此。

在一个飞翔的循环动作中，向上一击和向下一击的动作时间大约相同，除非是较大的鸟，向下的一击要慢些。循环的长度要看鸟的大小而定。一般来说,大鸟比小鸟动作要略慢些,例如,麻雀的翅膀在一秒钟内可有 12 个完整地扑打,而一只苍鹭或一只鹤一秒内只完成两次。

在大鸟飞翔中,还要注意身体和尾部的运动。飞翔中身体不是固定不变的,而是上下移动。当翅膀向上时身体向下,当翅膀向下时身体上升。尾部起平衡作用,翅膀向上,尾部也向上(如图7-33 所示)。

二、鱼类

鱼类因生活在水中,其身体也呈现流线型,主要靠鱼鳍的推动使身体在水中向前游动。鱼身摆动时的各种变化呈曲线运动状态。按照鱼类运动特点,可分为大鱼和小鱼。

1．大鱼

大鱼的身体又大又长,鱼鳍相对较小。在游动中身体摆动的曲线弧度较大,动作缓慢稳定。大鱼在水中,身体常常不动或少动,在受到惊吓时会突然加速窜逃。

⬆ 图 7-33　大鸟在飞翔中身体和尾部的运动

2．小鱼

小鱼的身体短小或狭长,动作灵活、变化较多、节奏短促,常有停顿或突然逃窜。曲线弧度不大,特别是在快游时很难看清鱼鳍变化（如图 7-34 和图 7-35 所示）。

⬆ 图 7-34　大鱼和小鱼的游动

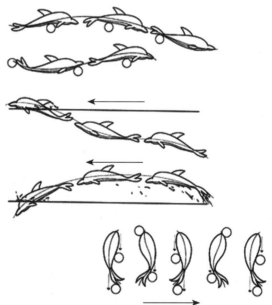

⬆ 图 7-35　鱼类运动的曲线路径

鱼的种类繁多,各类鱼的游动也是不相同的。如平鱼,其身体扁平,游动时身体形状很少变化,其路径也常常是直线的。金鱼因为拖着长长的尾巴,所以其游动路径的曲线的曲度较大,动作优美（如图 7-36 所示）。

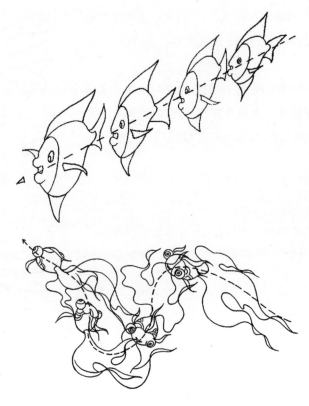

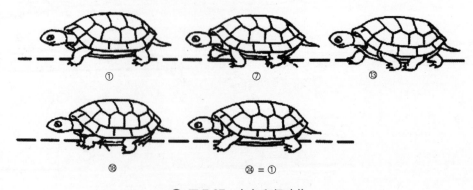

⬆ 图 7-36　平鱼的直线游动和金鱼的曲线运动

三、爬行类和两栖类

1．爬行类

爬行类属于脊椎动物亚门。它们的身体构造和生理机能比两栖类更能适应陆地生活环境。爬行类分有足和无足两种。

有足的爬行动物,例如,乌龟、鳄鱼、蜥蜴等。其特征为四足短小,身体靠近地面,爬行时,四肢前后交替运动、动作缓慢,头部左右摆动较大,尾巴呈现波形曲线运动（如图 7-37 所示）。

⬆ 图 7-37　乌龟爬行动作

无足的爬行动物如蛇,其身体圆而细长。它的行动靠轮流收缩脊骨两边的肌肉进行。它的运动特点是身体向两旁作 S 形曲线运动,头部微微离地抬起,左右摆动幅度较小,尾巴越向后倾,其摆动幅度就越大（如图 7-38 所示）。

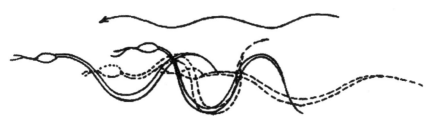

⬆ 图 7-38 蛇的游动

2．两栖类

两栖类动物以青蛙为例,既能在水中生活又能在陆地活动。青蛙的动作以跳为主,后腿粗大有力,弹跳力强,注意在弹跳过程中的形变（如图 7-39 所示）。

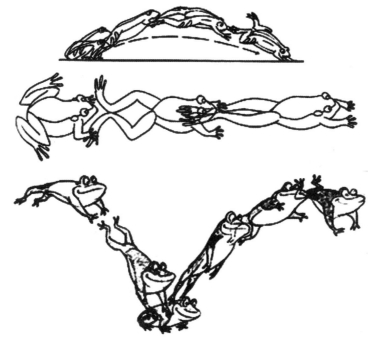

⬆ 图 7-39 青蛙的运动

四、昆虫类

昆虫的种类繁多,按其动作特点来分,可分为以飞为主、以爬为主和以跳为主三种类型。

1．以飞为主的昆虫

（1）蝴蝶

画蝴蝶飞舞的动作时,应先设计好飞翔路径,其路径呈现不规则的线。注意避免过于机械,一般翅膀一张向上,一张向下,两张之间的距离大约为一个身体的幅度。中间可以不加动画或只加一张动画（如图 7-40 和图 7-41 所示）。

（2）蜜蜂和苍蝇

蜜蜂和苍蝇只有一对翅膀。飞翔动作比较急促,双翅扇动频率较快。翅膀扇动在同一张画面上,可以同时画出上下两对翅膀,前一张翅膀向上画实向下画虚,后一张与之相反,向上画虚,向下画实。上下翅膀间还可以画几根流线,表示翅膀的快速扇动。飞翔一段时间后,还可以让身体在空中停顿,只要画出翅膀不停地上下扇动即可(如图 7-42 所示)。

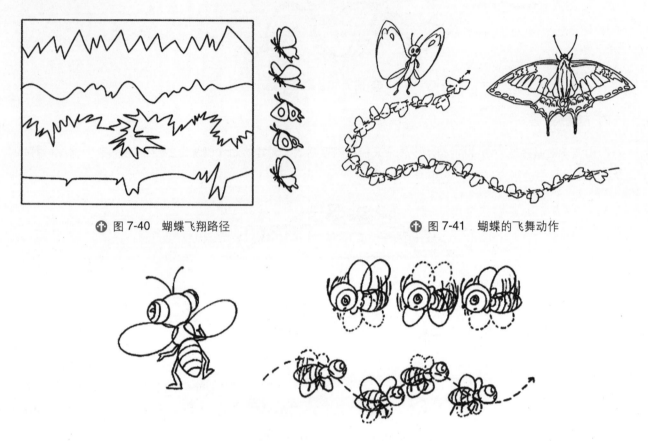

⚘ 图 7-40　蝴蝶飞翔路径

⚘ 图 7-41　蝴蝶的飞舞动作

⚘ 图 7-42　蜜蜂的飞翔动作

（3）蜻蜓

蜻蜓的特点是头大、身子细、翅膀长。在飞翔时一般不能灵活转变方向,动作姿势变化也不大。蜻蜓的飞翔速度很快,画它飞翔时,在同一张画面的蜻蜓身上,可同时画出几个翅膀的虚影（如图 7-43 所示）。

⚘ 图 7-43　蜻蜓的飞翔动作

2．以爬行为主的昆虫

以爬行为主的昆虫比如小甲虫、瓢虫等。其特点为身体背负着圆形硬壳,靠身体下面的六条腿交替向前爬行,速度不快（如图 7-44 所示）。

図 7-44 以爬行为主的六条腿昆虫

3．以跳为主的昆虫

以跳为主的昆虫如蟋蟀、蚱蜢等。这类昆虫头上长有两根触须。它们也能几条腿交替走路，但基本以跳为主。后腿粗壮有力，前足很大，形状像镰刀，边缘有许多锯齿（如图 7-45 所示）。

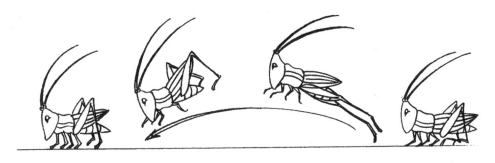

図 7-45 以跳为主的昆虫

动物的运动，都有其运动的基本规律。需要原画人员了解各类动物的一般特性，找到它们的动作特点，积累各类素材，比较研究，才能使各类动物的原画更合理、更生动。其他动物的运动在此不一一列举。

思考题

1．绘制一套四足动物走路的动画。
2．绘制一套鸟类飞翔的动画。

第八章
自然现象的运动规律

第一节　风

　　风是日常生活中常见的一种自然现象,空气流动便成为风,风是无形的气流。除了龙卷风是可以直接观察外,一般风是以无法直接辨认的形态存在的气流的运动。虽然在动画片中,我们可以画一些实际上并不存在的流线来表现运动速度比较快的风。但在更多的情况下,必须通过被风吹动的物体所产生的运动来表现。我们研究风的运动规律,实际上就是研究被风吹动的各种物体的运动来表现风的方法。例如,狂风刮过的摇摆树枝、随风飘逸的飘带、微风扬起的头发等,虽然没有直接把风画出来,但观众仍然能感觉到风的存在。在动画片中,表现自然形态的风,大体上有以下四种方法。

一、流线表现法

　　对于旋风、龙卷风以及风力较强、风速较大的风,仅仅通过被风冲击的物体的运动来间接表现是不够的,一般都要用流线来直接表现风的运动。可以用铅笔或彩色铅笔按照气流运动的方向、速度,把代表风的动势的流线,在动画纸上一张张地画出来。例如,在表现大风吹起地面上的纸屑、沙土、碎石,狂风猛烈地冲击茅屋、大树,旋风卷着空中的雪花、树叶,以及猛烈旋转着的龙卷风把地面上的人、畜、器物卷到空中等这类现象时,可采用流线的表现方法来解决。大风的速度快,形状呈圆锥形。

　　流线表现法是:用铅笔按照气流的运动方向画成疏密不等、虚实结合的流线。有时根据需要,在流线范围内,再画上被风卷起跟着气流一起运动的沙石、树叶等物体,随着气流运动。一般来说,用流线表现的风。风势的走向和旋转的方向应当一致(如图 8-1 和图 8-2 所示)。

　　除了按照动画纸上的线条用钢笔描线或是直接用毛笔上色之外,也可以用喷笔在动画线条范围之外喷色,以加强其银幕效果。

二、曲线表现法

　　表现重量较轻、质地柔软的物体,它的一端固定在一个位置,只是另一端所产生的被风吹动变化时,常用曲线运动来表现物体的运动。例如,窗上挂着的窗帘、旗杆上的彩旗、身上的绸带等。曲线运动的表现方法既表现了风的效果,又体现出了柔软物体的质感。

⊕ 图 8-1 风的流线表现法　　　　　　　　　⊕ 图 8-2 龙卷风的绘制

　　在表现窗帘随风飘动时,可想象有一个球体推动,将窗帘布挤出去的动画。曲线表现法必须先设计好这个球的运动路径,然后确定轨迹点,画出关键画。曲线运动的规律前面已讲过,这里不再重复（如图 8-3 所示）。

⊕ 图 8-3 被风吹动的窗帘

三、运动线表现法

　　被风吹起质地比较轻薄的物体,脱离了它原来的位置,便会在空中随风飘荡,例如,被风吹落的树叶、羽毛、吹起的纸张等。在表现这类动作时,必须用运动线表现法来表现（如图 8-4 和图 8-5 所示）。

　　运用运动线表现法时应注意以下几点。

　　（1）根据风力的大小和物体的重量来确定物体运动的速度。

　　（2）在转折的地方,物体的变化速度较慢,在飘行的过程速度较快。

　　（3）物体与地面角度的变化,接近平行时下降速度慢,接近垂直时下降速度快。

　　由于这些因素,使得物体在空中飘荡时的动作姿态、运动方向以及速度都不断发生变化。当我们根据剧情及上述因素设计好运动线并计算出这组动作的时间后,可以先画出物体在转折点的动作姿态作为原画。然后按加减速度的变化,确定每张原画之间需加多少张动画以及每张动画之间的距离。加完动画后,连接起来,就可以表现出物体随风飘荡的运动。这样,虽然没有具体地画风,却使人从风的效果中感到了风的存在。

⬆ 图 8-4　随风飘荡的落叶（一）

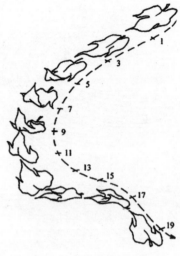

⬆ 图 8-5　随风飘荡的落叶（二）

四、拟人化表现法

某些动画片，由于剧情的需要，常常直接将风拟人化地绘制（如图 8-6 所示）。

⬆ 图 8-6　动画片中拟人化的风

第二节　火

火是物体在燃烧时发出的光和焰。受到气流强弱的影响，火就会出现变化多端的运动。火是不规则的曲线运动，火有七种基本形态：扩张、收缩、摇晃、上升、下收、分离、消失。这七种形态交织组合起来，就是火的运动规律（如图 8-7 所示）。

火的基本特点如下。

（1）产生分叉的过程：上升—膨胀—分裂—收缩（如图 8-8 所示）。

（2）上升的火苗走势是 S 形（如图 8-9 所示）。

（3）形状粗略是圆锥形。

（4）动作时间在底部最快，上面时间变化慢（如图 8-10 所示）。

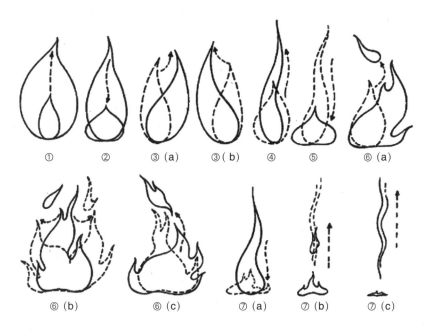

① 图 8-7 火的七种基本形态

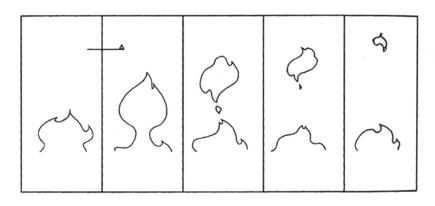

① 图 8-8 火产生分叉的过程

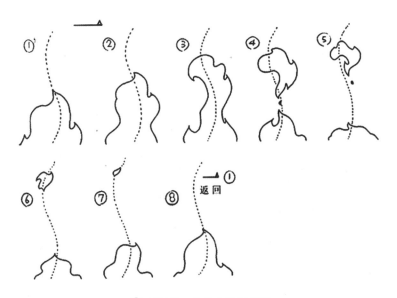

① 图 8-9 火苗上升的走势

⊕ 图 8-10　火的形状粗略是圆锥形

1. 小火

小火运动,例如,油灯和蜡烛火苗。小火苗动作特点是跳跃、多变。在表现这类小火苗运动时,可以一张一张直接画,不加中间画或少加中间画,一般以 10 ~ 15 张画面作循环动画,也可拍摄成不规则循环,以增加小火的多变性(如图 8-11 所示)。

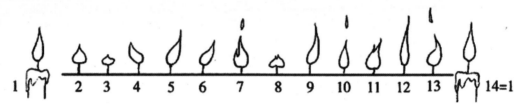

⊕ 图 8-11　小火的运动

2. 中火

中火运动,例如,柴火和炉火等。它实际上是由几个小火苗组合而成的。表现方法与小火苗基本相同,只是动作比小火苗稳定,速度也就略慢。在每张原画之间各加 1 ~ 3 张中间画(如图 8-12 所示)。

⊕ 图 8-12　中火的运动

3. 大火

大火运动,指的是一片熊熊烈火。特点是面积大、火势旺、火苗多,形态的变化复杂。但是,只要按照前面所讲的火苗运动七种基本形态来对照,便可清楚地了解,它们的动作规律是完全一致的。一堆大火实际上是由无数小火苗的组合,不同之处在于火烧的面积大,结构复杂,变化多,有整体的动势,又有许多小火苗的互相碰撞,因而就显得变化多端、眼花缭乱。如果把许多形态弯曲的火苗用虚线框起来,就成了一个大火苗。取其中每个局部,又可分解成无数个小火苗。注意大火的层次和立体感,火的造型可以分成 2 ~ 3 种颜色。靠近可燃物体的燃点部分,可用较亮的黄色或橙色;中间部分可以用橙红色或红色;外圈火焰瓠分,可用深红色或暗红色。

在表现大火时,要注意处理好整体与局部的关系:整体的动作速度要略慢一些,局部(小火苗)的动作速度要略快一些;又要注意每一组小火苗的动作变化(扩张、收缩、摇晃、上升、下收、分离、消失等)及速度。同时,无论原画或动画,都要符合曲线运动的规律（如图 8-13 所示）。

🔂 图 8-13　大火的运动

4．火的熄灭

火在熄灭时的动作是：一部分火焰分离、上升、消失,一部分火焰向下收缩、消失、接着冒烟（如图 8-14 所示）。

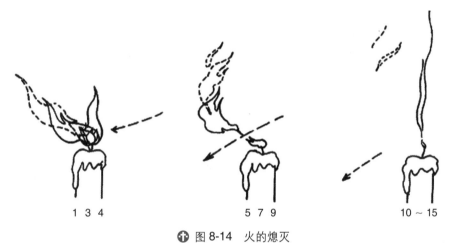

1 3 4　　　　　5 7 9　　　　　10～15

🔂 图 8-14　火的熄灭

第三节　水

水是一种液体,它结构松散,没有机械韧性。由于水以多种状态存在,所以水的动态变化很丰富。从一滴水珠的滚动到大海的波涛汹涌,真是变化多端,气象万千。一般把水的运动状态归结为七种方式：聚合、分离、推进、运动中产生 S 形变化、波浪的曲线形变化、水花的扩散型变化和水波纹起伏变化（如图 8-15 所示,1 为聚合、2 为分离、3 为推进、4 为 S 形变化、5 为波浪的曲线形变化、6 为水花的扩散型变化、7 为水波纹起伏变化）。

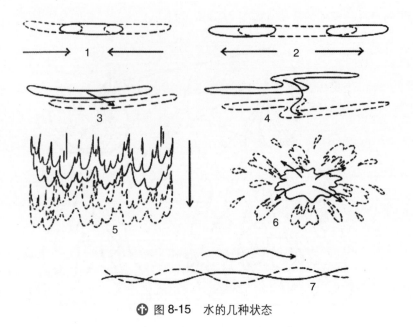

⬆ 图 8-15　水的几种状态

一、水滴

水有表面的张力，因此水滴要聚集到一定程度，表面张力破裂，才会滴下来。一般来说，积聚的速度比较慢，动作小，画的张数比较多；分离和收缩的速度快，动作大，画的张数应比较少。

二、水花

水遇到撞击时，会溅起水花。水花溅起后，向四周扩散、降落。水花溅起时，速度较快，升至最高点时，速度逐渐减慢，分散落下时，速度又逐渐加快。物体落入水中溅起的水花，其大小、高低、快慢，与物体的体积、重量以及下降的速度有密切的关系，在设计动画时应予以注意。

例如，一块大石头投入湖水中。当石头进入水的表面时，一些水被排挤而向外向上散去形成水溅。当石头更深地下沉时，一瞬间在它后面留下一个空隙。这空隙很快被四周的水所填充。当四周的水在中间相遇时，它们形成一股射流从水溅的中央垂直喷出，常常在它落下之前便形成水滴。所以，这样一种水溅必须分成两部分完成（如图 8-16 ～图 8-19 所示）。

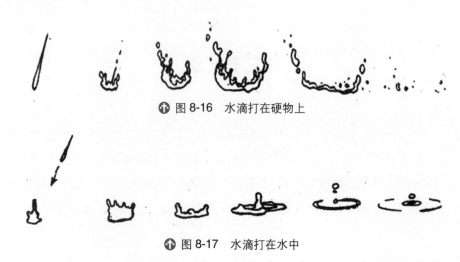

⬆ 图 8-16　水滴打在硬物上

⬆ 图 8-17　水滴打在水中

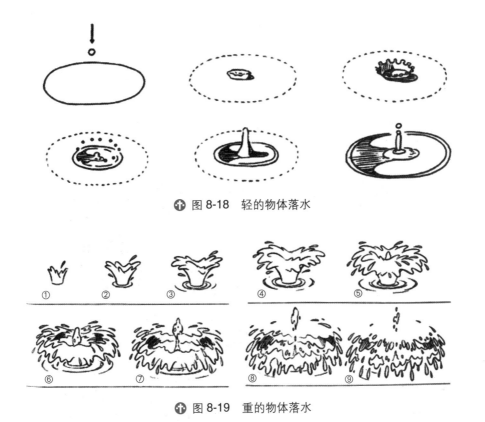

🔶 图 8-18　轻的物体落水

🔶 图 8-19　重的物体落水

三、水面的波纹

水面波纹有以下三种常见的表现方式。

（1）圆形波纹。

物体落入水中造成的波纹，是由中心向外扩散，水圈越来越大，逐渐分离直至消失。水圈从形成到消失，大约需要画 8 张原画，每两张原画之间可加 7 张动画。每张拍一格，时间为 2.5 秒（快速）；每张拍两格，时间为 5 秒（慢速）（如图 8-20 所示）。

🔶 图 8-20　圆形波纹

（2）人字形波纹。

小船在水中行进时，划开水面，形成人字形波纹。人字形波纹由物体的两侧向外扩散，并向物体行进的相反方向拉长、分离、消失，其速度不宜太快，两张原画之间可加 5 ～ 7 张动画（如图 8-21 所示）。

（3）涟漪的波纹。

一阵轻风吹来，掠过静止的水面，风与水面摩擦形成涟漪，如果风再吹向涟漪的斜面，就成为小的波浪（如图 8-22 所示）。

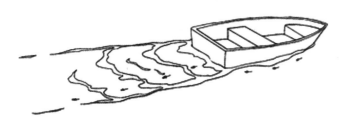

🔶 图 8-21　人字形波纹

🔶 图 8-22　涟漪的波纹

四、水浪

  波浪是由千千万万排变幻不定的水波组成的,在风速和风向比较稳定的情况下,一排排波浪的兴起、推进和消失比较有规律。在风速和风向多变的情况下,大大小小的波浪,有时合并,有时掺杂,有时冲突。冲突后,有的消失,有的继续存在,乘风推进,原有的波浪消失了,又不断涌现出新的波浪,此起彼伏,千变万化,令人眼花缭乱。每一个波浪像起伏的群山,有波峰、有波谷(如图 8-23 ~ 图 8-26 所示)。

✚ 图 8-23 海中波浪

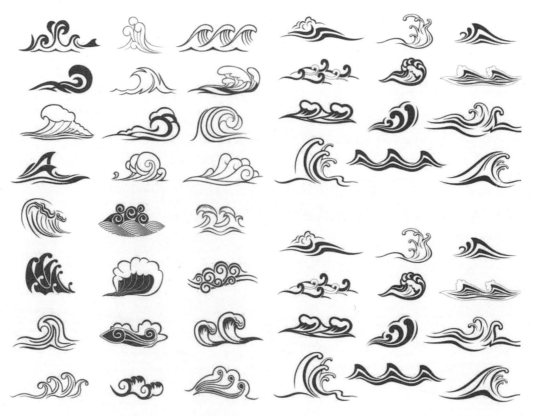

✚ 图 8-24 水波的样式

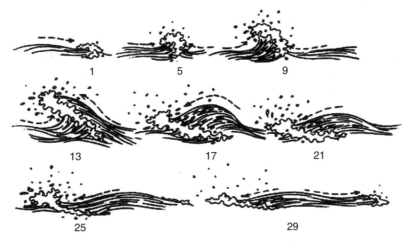

🔆 图 8-25　水浪的运动（一）

🔆 图 8-26　水浪的运动（二）

　　在表现大海的波涛时，为了加强远近透视的纵深感，往往分成 A、B、C 三层来画，C 层画大浪，B 层画中浪，A 层画远处的小浪，大浪距离近，动作大，速度快；中浪次之；小浪在远处翻卷，速度比较慢。由于速度不同，分开来画，也比较容易掌握。

五、倒影

　　物体反映在平静水面上的倒影，如同镜子里出现的形象一样，只要把色调压低一些就可以。在波涛汹涌的水面上，看不见倒影，动画表现的，主要是物体反映在微波荡漾的水面上的倒影（如图 8-27 ～图 8-32 所示）。

🔆 图 8-27　倒影的运动（一）

🔆 图 8-28　倒影的运动（二）

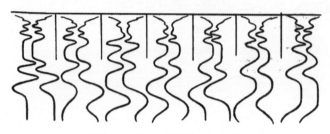

图 8-29　倒影的运动（三）

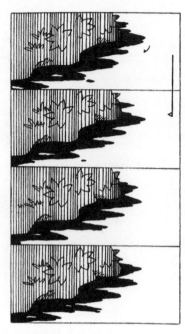

图 8-30　倒影的运动（四）

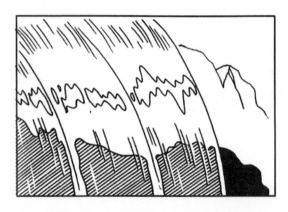

图 8-31　通过高光表现水的动画

图 8-32　通过黑白波浪表现水的动画

第四节　雨

下雨的镜头是常见的自然现象，在动画片中常采用长短不等、方向一致的直线来绘制。注意疏密不要太均匀，其速度是匀速运动。雨的体积很小，降落的速度较快（如图 8-33 所示）。

常用三层绘制来表现下雨的层次感。

第一层：离我们最近的雨点，可用粗短的线，可稍绘出带水滴的形状，每张动画之间距离较大，运动速度快。

第二层：用粗细适中而较长的直线表现，每张动画之间的距离也比前层稍近一些，速度中等。

第三层：画细而密的直线，形成片状，每张动画之间的距离比中层更近，速度较慢；不要过于均匀。

将前、中、后三层合在一起，进行拍摄，就可表现出有远近层次的纵深感。雨丝虽有一个大的运动方向，但不一定都平行，也可稍有变化（如图 8-34 所示）。

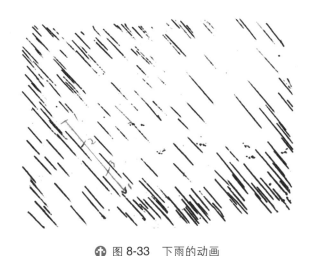

图 8-33　下雨的动画

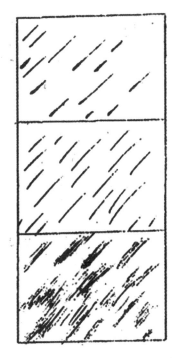

图 8-34　通过三层绘制下雨

绘制一套可供多次循环拍摄的雨，前层至少要画 12 ～ 16 张，中层至少要画 16 ～ 20 张，后层至少要画 24 ～ 32 张，也就是说，至少要比雨点一次掠过画面所需要的张数多一倍，这样就可以画两组构图有所变化的动画，循环起来，才不致显得单调。

雨的颜色，应根据背景色彩的深淡来定，一般使用中灰或浅灰，只需描线，不必上色。

第五节　雪

气温低于 0℃时，云中的水蒸气直接凝成白色的晶体，成团地飘落下来，就是雪。雪花体积大，分量轻，在飘落过程中，受到气流的影响，就会随风飘舞，轻柔地落下。下雨和下雪是水由天空落地的两种状态。下雪是波浪形弧线飘动轨迹，速度比下雨慢得多，动画格数也比下雨更多。这样可以避免观众注意到它的循环轨迹。

一、下雪运动的制作

（1）分三层绘制。

① 为了表现远近透视的纵深感，也可分成三层来画：前层画大雪花；中层画中雪花；后层画小雪花，合在一起拍摄。远处比近处略小略慢。

② 前层大雪花每张之间的运动距离大一些，速度稍快。

③ 中层次之；后层距离小，速度慢，但总的飘落速度都不宜太快。

④ 最远处的雪一般不画到银幕下部，而是在银幕某处随意飘散，至于它消失在什么地方，要依背景的具体情况而定（如图 8-35 所示）。

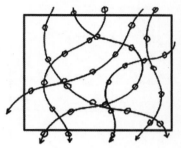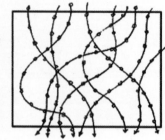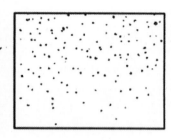

⬆ 图 8-35　通过三层绘制下雪

（2）运动线呈不规则的 S 形。雪花总的运动趋势是向下飘落，但无固定方向，在飘落过程中，可出现向上扬起的动作，然后再往下飘。有的雪花在飘落过程中相遇，可合并成一朵较大的雪花，继续飘落（如图 8-36 所示）。

（3）绘制一套雪花飘落动作，可反复循环使用。每张动画一般拍摄两格，为了使速度有所变化，中间也可穿插一些拍一格的。为了使画面在循环拍摄时不重复，在动画设计时，应考虑每一层的张数不同，错开每一层的循环点。如果雪花的形象要柔和一些，可以把焦点处理得稍稍虚一些。

（4）设计好雪花的运动线以后，再确定每朵雪花的位置，标出两个位置之间所需画的张数。一般每层可画九张，从 1 ～ 9，中间加 7 张。不必加动画，可以按照设计稿上的位置，用毛笔蘸白色一张一张地直接把雪花涂到赛璐珞片上。为了便于看清楚，在设计稿上可使用多种彩色铅笔分别标出每张雪花的位置（如图 8-37 所示）。

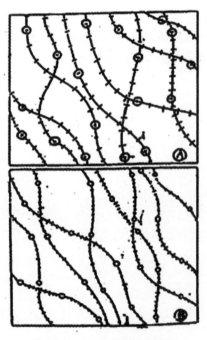

⬆ 图 8-36　雪花飘落的路径

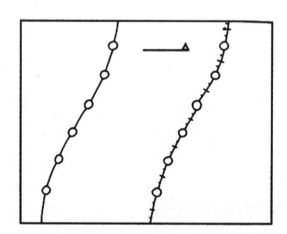

⬆ 图 8-37　雪花飘落的平均中割

（5）平均中割，和下雨一样，下雪过程的中割是等量的。

二、下雪动画绘制中错误的路径

（1）路径太直或太弯曲。

（2）路径一般不向上走（如图 8-38 所示）。

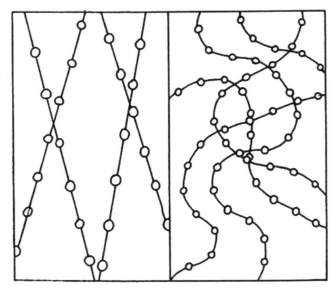

⬆ 图8-38　雪花飘落的错误路径

第六节　雷　　电

当天空乌云密布、雷雨云迅猛发展时,突然一道夺目的闪光划破长空,接着传来震耳欲聋的巨响,这就是闪电和打雷,亦称为雷电。

闪电和雷声是同时发生的,但它们在大气中传播的速度相差很大,因此人们总是先看到闪电然后才听到雷声。因为光每秒能走30千米,而声音只能走340米。闪电是转瞬即逝的。

闪电通常是在有雷雨云时出现,偶尔也在雷暴、雨层云、尘暴、火山爆发时出现。闪电的最常见形式是线状闪电,偶尔也可出现带状、球状、串球状、枝状、箭状闪电等。线状闪电可在云内、云与云间、云与地面间产生,其中云内、云与云间闪电占大部分,而云与地面间的闪电仅占1/6,但其对人类危害最大。

闪电的速度很快,由一个"先导闪击"开始,紧跟着是"主闪击",接着主闪击而来的则是一系列的放电,数目超20个以上。由于整个放电过程一般只有半秒左右,所以肉眼无法区别,只能感到一系列明显的闪烁。相比之下,雷声持续的时间要长得多,有时甚至可达一分钟之久。

动画片中出现闪电的情况不多,有时根据剧情的需要,为了渲染气氛,也要表现电闪雷鸣。动画片表现闪电时,除了直接描绘闪电时天空中出现的光带以外,往往还要抓住闪电时的强烈闪光对周围景物的影响,加以强调。

下面介绍闪电的几种表现方法。

一、直接绘制的闪光带

闪光带一般有两种画法,一种是树根型,一种是图案型。从无到有再到消失大约七张动画,除4可拍一格或二格外,其余均拍一格(如图8-39所示)。

树根型的闪光带,是先有一个"主干",然后再长出很多"树根"的造型。闪光带大体的方向性明确。"主干"和"树根"分界的部分面积最大,时间最长。

图案型的闪光带,除其造型和树根型的闪光带有差别之外,绘制和拍摄的方法和它都是相同的。图案型的闪光带在绘制中要注意其疏密和大小的变化,不要过于机械化、平均化(如图 8-40 和图 8-41 所示)。

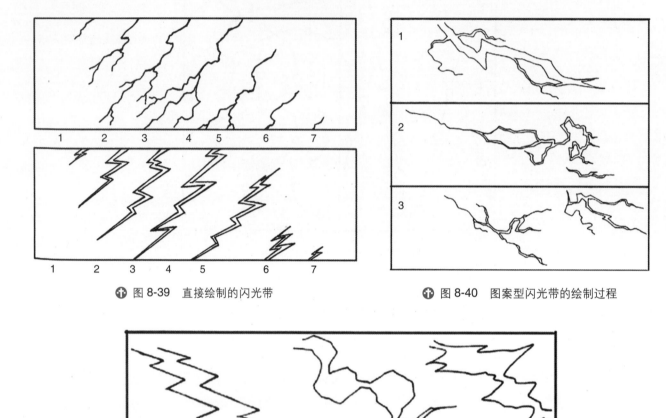

⬆ 图 8-39　直接绘制的闪光带　　　　　　　⬆ 图 8-40　图案型闪光带的绘制过程

⬆ 图 8-41　图案型的闪光带绘制时,应避免过于平均和过于机械化

出现闪电光带时,还要注意背景的明暗变化。如与其他景物同时拍摄,可将闪电光带部分涂上白色或淡蓝、淡紫色。如与其他景物分开作两次拍摄,则闪电光带部分不上色,其余部分涂满不透明的黑色。第二次曝光拍闪电光带时,底层白天片上打白色的光或淡蓝色、淡紫色。分两次曝光,闪电光带的亮度高,效果较强烈(如图 8-42 所示)。

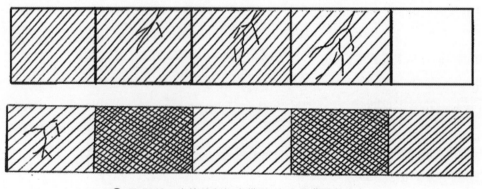

⬆ 图 8-42　直接绘制闪光带时,应注意背景的变化

二、场景明暗表现法

只表现闪电急剧变化的光线对景物的影响,也能造成闪电的效果。

场景明暗表现:①背景黑前白,②全白,③白背景主体强对比,④背景黑主体灰(如图 8-43 所示)。

一格纯白

✚ 图 8-43　场景明暗表现法

第七节　烟

烟是可燃物质(如木柴、煤炭、油类等)在燃烧时所产生的气状物。由于各种可燃物质的成分不一样,所以烟的颜色也不同:有的呈黑色,有的呈青灰色,有的呈黄褐色,等等。同时,由于燃烧程序不同,烟的浓度也不一样。燃烧不完全时,烟比较浓烈,燃烧完全时,烟比较轻淡,甚至几乎没有烟。

在动画片中表现烟,大体上可分为浓烟和轻烟两类。它们的区别如下。

(1)形状上,浓烟造型多为絮团状,用色较深,并分为两个层次;轻烟造型多为带状和线状,用透明色或比较浅的颜色。

(2)变化上,浓烟密度较大,它的形态变化较少,消失得比较慢。轻烟密度小,体态轻盈,变化较多,消失得比较快。

一、浓烟的绘制

在绘制浓烟时,可用分块表现,块之间的形变形成循环动画,循环不要显得太机械化,其次,应注意不要过于复杂(如图 8-44 ～图 8-46 所示)。

✚ 图 8-44　浓烟的绘制(一)

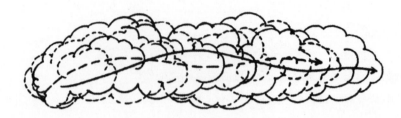

✿ 图 8-45　浓烟的绘制（二）

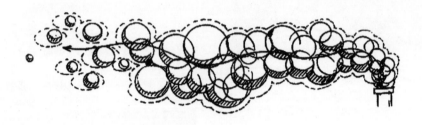

✿ 图 8-46　浓烟的分解

二、轻烟的绘制

在气流比较稳定的情况下,轻烟缭绕,冉冉上升,动作柔和优美,它的运动规律,基本上是曲线运动,拉长、扭曲、回荡、分离、变化、消失。轻烟的底部变化快,较粗。上面变化慢,较细。两头较粗,中间细。可画成波浪形的一团团烟。这些可以成为单独的一股烟或者互相融合成不规则的柱状物。轻烟的绘制原理和浓烟相似,形变产生动画（如图 8-47 所示）。

三、爆炸的烟

有些物质在受热或燃烧时,体积突然增大千倍以上,这时,就会发生爆炸。爆炸是突发性的,动作猛烈,速度很快。动画片表现爆炸,主要是从三方面进行描绘:强烈的闪光、被炸得飞起来的各种物体、爆炸时产生的烟雾。

由于爆炸物内所含的生烟物质不同,爆炸时烟雾的颜色也不一样,有白色、黄色、青灰色等,烟雾的运动规律是在翻滚中逐渐扩散、消失、速度比较缓慢。

爆炸的烟呈团状化,一边卷入,一边形成小烟团。烟团形体稍有变化,边卷起边消失（如图 8-48 ～图 8-51 所示）。

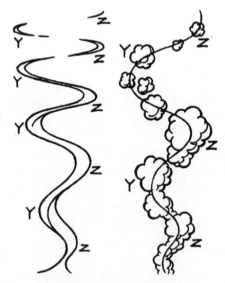

✿ 图 8-47　轻烟的绘制

除了可以用直接绘制的方法来表现自然现象的运动之外,我们还可以通过软件来实现自然现象的运动过程。比如用 After Effects 中 rain、snow、particular 等滤镜来制作雨雪效果（如图 8-52 和图 8-53 所示）。此外还有 Particle Illusion 也是制作自然现象的软件（如图 8-54 所示）。关于制作自然现象的软件及插件还有很多,在这里就不一一列举。

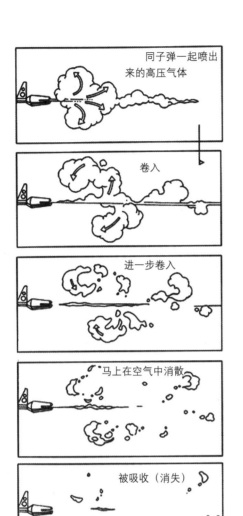

🔁 图 8-48　子弹打出时的烟

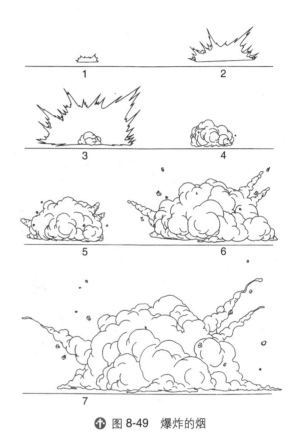

🔁 图 8-49　爆炸的烟

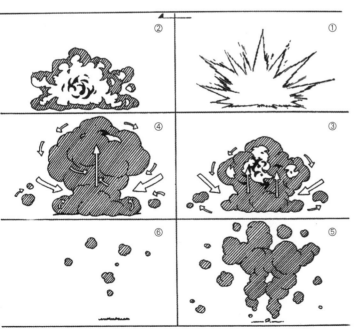

🔁 图 8-50　爆炸产生的明暗是黑白交替的

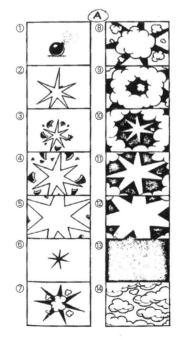

🔁 图 8-51　爆炸的烟雾

图 8-52　After Effects 制作自然现象

图 8-53　加入下雨的效果

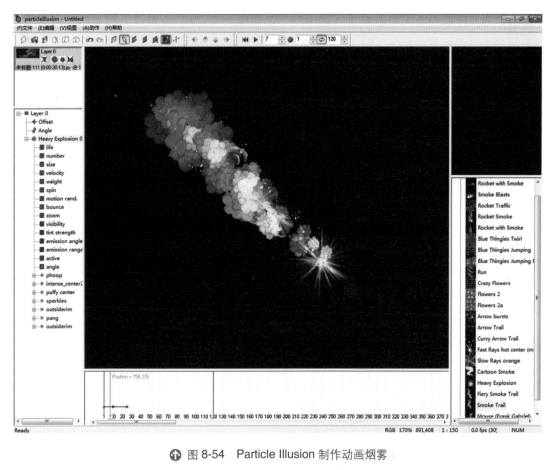

图 8-54　Particle Illusion 制作动画烟雾

思考题

1. 绘制一组爆炸的动画。

2. 绘制一组水流动画。

第九章
二维动画后期合成

第一节　RETAS 软件介绍

RETAS 系列是日本 CELSYS 株式会社在 1993 年发布的一套完整的数码动画制作工具，开发了一套应用于普通 PC 和苹果机的专业二维动画制作系统，广泛应用于：电影、电视、游戏、光盘等多种领域。RETAS 在日本等动漫大国市场占有率达 80% 以上，例如，《海贼王》《火影忍者》《哆啦 A 梦》等一系列耳熟能详的动画名作都由其制作而成。

RETAS 由 Stylos、TraceMan、PaintMan 和 CoreRETAS 四款软件组成，无纸动画和传统动画的制作流程在这款软件中都能轻松搞定。进行无纸动画制作时，用户可先在 Stylos 上绘制线稿，之后在 PaintMan 中进行上色，最后使用 CoreRETAS 合成，如果是纸质绘制的动画，可先在 TraceMan 里描线，之后在 PaintMan 中进行上色，最后使用 CoreRETAS 合成（如图 9-1 所示）。如果用户熟悉其他后期合成软件诸如 After Effects 等，也可以用它替代 CoreRETAS 完成最后合成。

图 9-1　RETAS 软件

第二节　TraceMan 操作

TraceMan 是用于对手绘原画进行扫描、提线等图像处理的软件。它的批处理功能支持将扫描图像分别保存到指定文件夹中,图像可自动编号,有效提高扫描效率。软件支持 48bit 高清扫描,并能将扫描后的图像通过描摹功能进行提线而生成矢量化文件。提取生成的矢量化线条连续而平滑,十分接近手绘的自然感觉。不仅如此,软件能将纸张底纹和角色的轮廓线分在不同图层,并把高光线、阴影线等彩色线条与黑色轮廓线条分开,更加方便图像在 PaintMan 中上色及修改(如图 9-2 所示)。

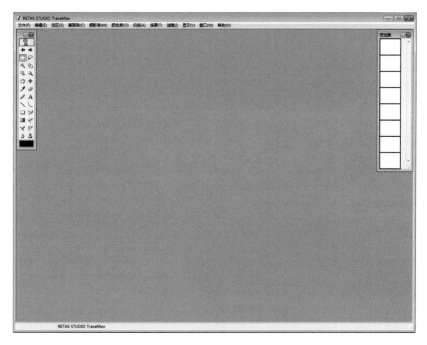

⊕ 图 9-2　TraceMan 界面

一、扫描

扫描是将纸质动画数字化的第一步,扫描前要先将定位钉固定在扫描仪的扫描区域外缘,每一张动画纸在扫描前要套上定位钉再进行扫描,这样就保障了每一张动画纸的扫描区域都是相同的,以方便后面的定位。扫描仪的种类繁多,但多数 TraceMan 都能识别,也有专门为动画扫描设计的自动送纸器,不过价格不菲。

(1)启动 TraceMan,依次执行菜单"编辑"→"设置"→"环境设置",在弹出的对话框中对扫描仪进行设置(如图 9-3 所示)。

(2)依次执行菜单"扫描"→"选择 TWAIN_32 支持设备",在弹出的对话框中选择已识别的扫描仪,选择完毕后,单击"选定"按钮。然后在弹出的扫描对话框中就可以开始扫描了,当然也可以选择其他软件进行扫描(如图 9-4 所示)。

需要特别说明的是:扫描的分辨率是根据动画片的成片规格进行设置。一般动画稿只需要使用 300dpi 的分辨率就可以了,动画场景扫描则要分辨率高一点。分辨率太低容易造成线条模糊粗糙,但分辨率也不是越高越好,分辨率太高则扫描时间过长、文件占用较大存储空间,还会导致后期处理缓慢、效率低下等问题。所以可先扫描几个镜头,然后出一个样片,观察后再确定合适的扫描分辨率。

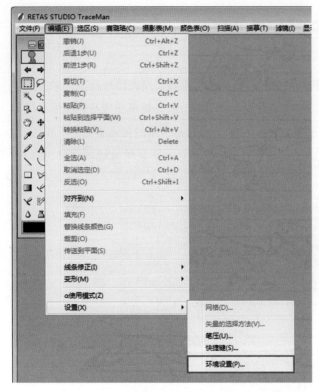

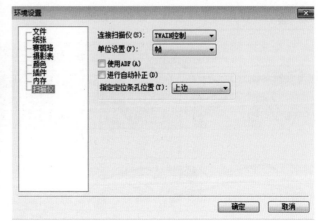

⊕ 图9-3 扫描仪设置

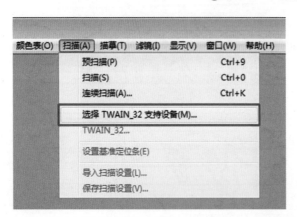

⊕ 图9-4 选择扫描仪

（3）在扫描完一组镜头后，依次执行菜单"文件"→"新建"→"场景文件夹"，将扫描的画稿按一定的命名顺序保存到场景文件夹之中（如图9-5所示）。为了防止扫描的量太大而导致计算机死机，要养成扫描一个镜头保存一个镜头的习惯。

二、线条处理

（1）扫描结束后，依次执行菜单"文件"→"打开"→"赛璐珞"，打开镜头画稿（如图9-6和图9-7所示）。

（2）依次执行菜单"滤镜"→"自动对比度"，调整画面中的对比度（如图9-8所示）。

（3）依次执行菜单"描摹"→"2值描摹设置"，在弹出的对话框中勾选黑色和画稿中色线的颜色，以及选中"预览"功能。颜色后的参数是调节颜色的阈值，用于处理线条粗细。数值越大颜色线条越粗，杂点也越多；数值越小，杂点也变小，不过太小会导致断线。选择合适数值后，单击"确定"按钮（如图9-9和图9-10所示）。

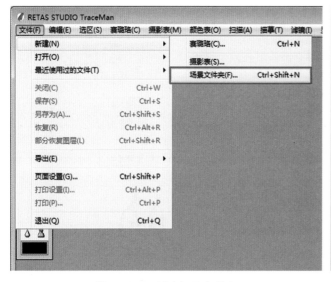

🔔 图 9-5　新建场景文件夹

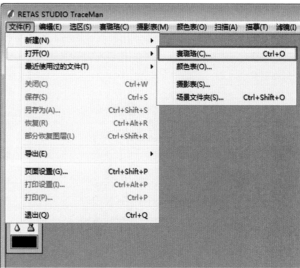

🔔 图 9-6　打开镜头画稿（一）

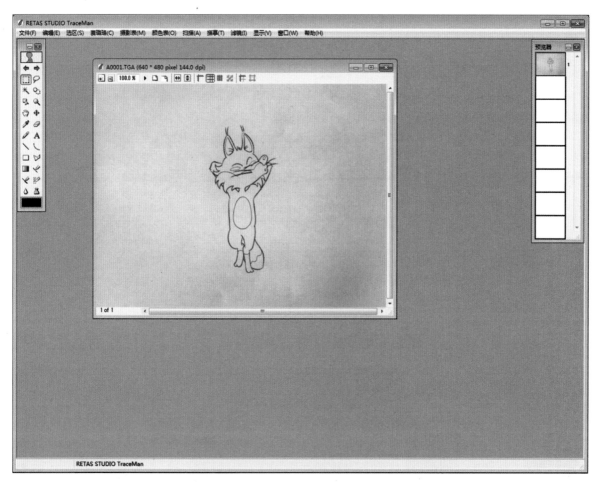

🔔 图 9-7　打开镜头画稿（二）

（4）依次执行菜单"描摹"→"色阶描摹设置"，在弹出的对话框中选中画稿中色线的颜色，这一步主要是分出画稿中的色层和线层，让画面有 Alpha 通道（如图 9-11 和图 9-12 所示）。

如果发现画稿中有断线，可以选择工具栏中的"线连接"工具进行补线。如果画稿中还有一些杂点，可以选择"去除杂点"工具进行处理（如图 9-13 所示）。

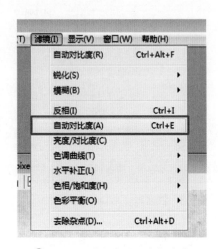

图 9-8　"自动对比度"命令

图 9-9　"2 值描摹设置"对话框

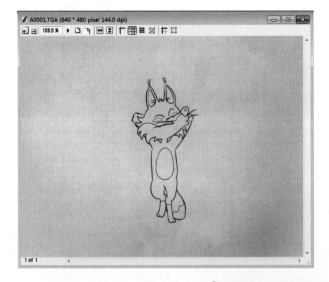

图 9-10　使用"2 值描摹设置"前后的对比

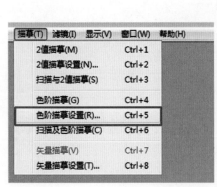

图 9-11　"色阶描摹设置"命令

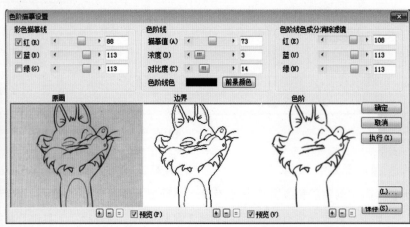

图 9-12　"色阶描摹设置"对话框

三、批处理

（1）接下来，我们要对整组镜头的画稿进行批处理。依次执行菜单"窗口"→"批处理调板"，打开"批量调板"对话框（如图 9-14 和图 9-15 所示）。

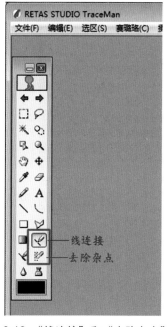

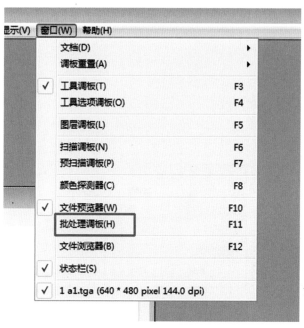

🔆 图 9-13 "线连接"和"去除杂点"工具

🔆 图 9-14 "批处理调板"命令

（2）单击新建组旁边的 按钮，为批处理添加新建组（如图 9-16 所示）。

🔆 图 9-15 "批量调板"对话框

🔆 图 9-16 添加新建组

（3）单击执行前边的 按钮，添加批处理内容，加入"自动对比度""2值摹写""灰阶摹写"三个动作（如图9-17和图9-18所示）。

图9-17 "添加批处理"对话框

图9-18 添加批处理的内容

（4）单击选中"输入（文件）"，再单击"添加"按钮，在弹出的对话框中选择要进行批处理的文件（如图9-19和图9-20所示）。

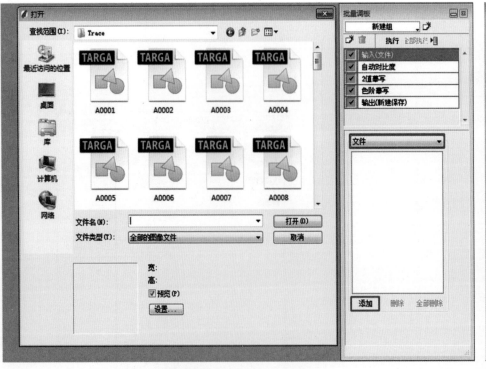

图9-19 "打开"对话框

图9-20 输入要批处理的文件

（5）单击选中"输出（新建保存）"，在"图层名"栏中输入批处理后文件的命名；在"格式"栏中选择 Targa 格式；在"设置"中选择 32bit，使画面有 Alpha 通道；在保存位置中设置输出的路径（如图 9-21 所示）。

（6）在确认前面过程正确之后，单击"全部执行"按钮，在弹出的对话框中选择"是"。这时就开始了批处理，如果发现批处理有错误，可按 ESC 键退出批处理。当批处理完成之后，TraceMan 的工作也就完成了，接下来要到 PaintMan 中进行上色（如图 9-22 所示）。

图 9-21 批处理后文件的设置

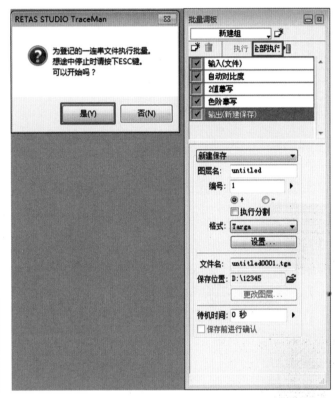

图 9-22 开始批处理

第三节 PaintMan 上色

PaintMan 提供的颜色丰富，色彩鲜艳明亮，可实现超过三种颜色的渐变效果，并可调整颜色透明度，充分满足上色师的需求。在上色过程中，软件特有的"未闭合区域填充功能"，支持动画师对未完全闭合的区域进行设限，以防止填充颜色时超出目标区域；"细长区域填充"功能则支持对细小区域进行快速填充，这些功能设置大大提高了上色效率。

软件支持批量上色，操作简便又快捷。上色师在指定位置做好标记后，只需轻轻一点，就能批量对图像进行颜色填充。如果想要批量替换图像颜色也十分简单，上色师可以自己创建或导入颜色替换设置文件，之后选择"全部执行"，所有指定的图像颜色就能替换成功了（如图 9-23 所示）。

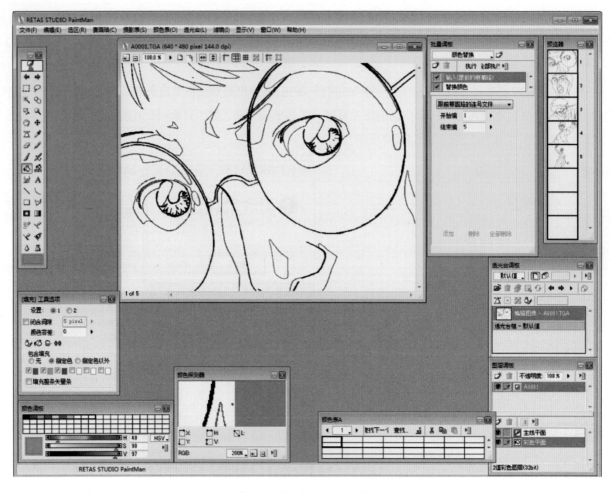

🔼 图 9-23　PaintMan 界面

一、导入参考图

（1）启动 PaintMan，依次执行菜单"文件"→"打开"→"赛璐珞"，打开要上色的画稿（如图 9-24 所示）。

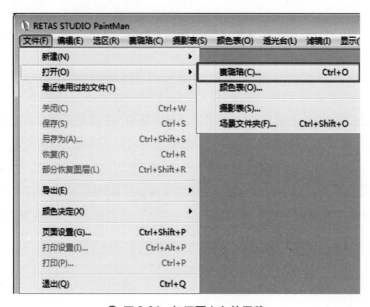

🔼 图 9-24　打开要上色的画稿

（2）在"辅助调板"面板中单击 按钮，在弹出的菜单中选择"打开"，这样可以调入一张已经上好色的图作为"参考图"（如图9-25和图9-26所示）。

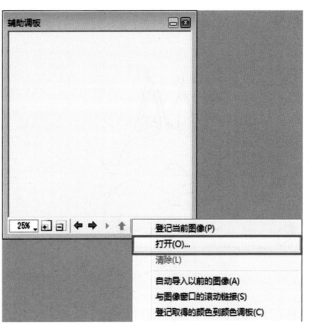

🔆 图9-25　辅助调板的设置

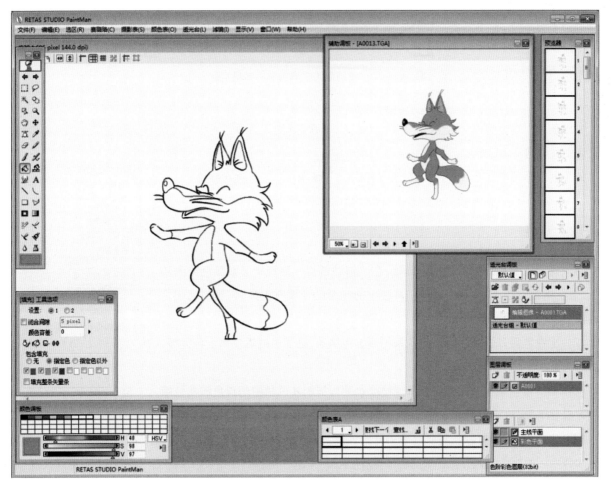

🔆 图9-26　调入参考图

二、上色前准备

如果发现画稿中漏线，可以用工具栏中的 曲线工具绘制曲线（如图 9-27 所示）。

⊕ 图 9-27　使用曲线工具绘制曲线前后的对比

如果画稿中有色线，必须选择 工具，然后在"[填充] 工具选项"面板中勾选 RGB，这样在上色时，色线会自动消失（如图 9-28 所示）。

如果发现画稿中有断线，可以选择工具栏中的"线连接"工具进行补线。

三、上色

（1）选择工具栏中的油漆桶工具 ，在"辅助调板"面板中吸取颜色给画稿上色，当上色区域很小时，可以选择工具栏中的闭合区域填充工具 ，可以让闭合区域都上颜色（如图 9-29 所示）。

⊕ 图 9-28　"[填充] 工具选
项"面板的设置

（2）上完色后，按快捷键 Ctrl+B 来检测上色结果，画面中的黑色为上色区域，白色为未上色区域（如图 9-30 所示）。

（3）在"批量调板"面板中选择"喷枪效果"，把刚才画稿中的黄色和白色填入方框中，设置宽的数值为 3，设置完成后单击"执行"按钮。这样画稿中的两种颜色的边缘就产生了羽化的效果（如图 9-31 和图 9-32 所示）。

（4）当想要替换颜色时，可以选择"批量调板"中的"颜色替换"，然后再单击"替换颜色"，并将替换前的颜色和替换后的颜色填入方格中（如图 9-33 所示）。单击"执行"命令可以看到如图 9-34 所示的效果。

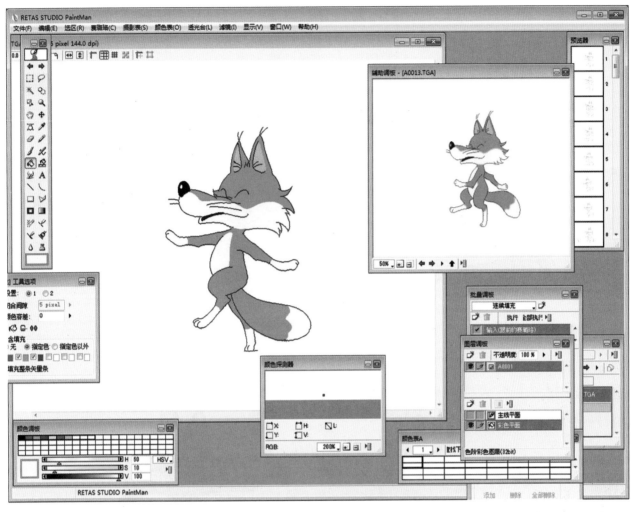

⬆ 图 9-29 用油漆桶工具上色

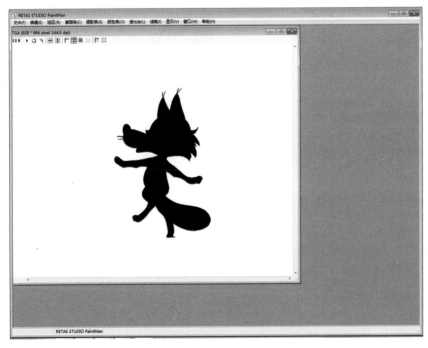

⬆ 图 9-30 检测上色结果

⬆ 图 9-31 "喷枪效果"的设置

⬆ 图 9-32 "喷枪效果"使用的前后对比   ⬆ 图 9-33 "替换颜色"的设置

⬆ 图 9-34 使用"替换颜色"的前后对比

思考题

RETAS 软件与 Photoshop 图像软件相比,在动画上色方面有哪些优势?

附　录

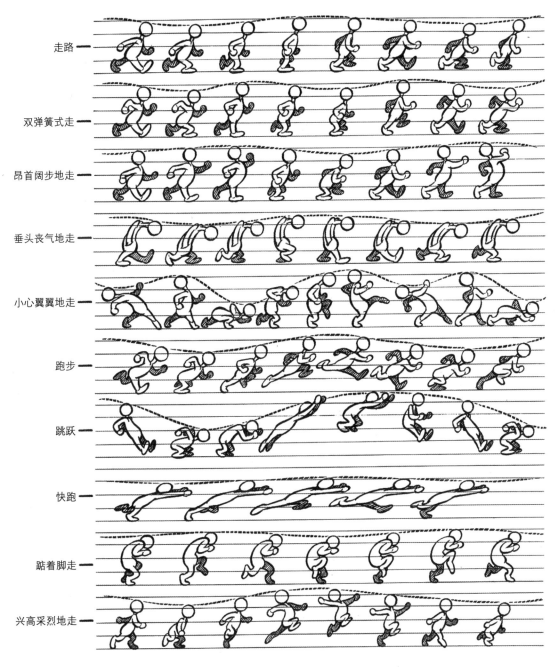

走路

双弹簧式走

昂首阔步地走

垂头丧气地走

小心翼翼地走

跑步

跳跃

快跑

踮着脚走

兴高采烈地走

人物的动作设计

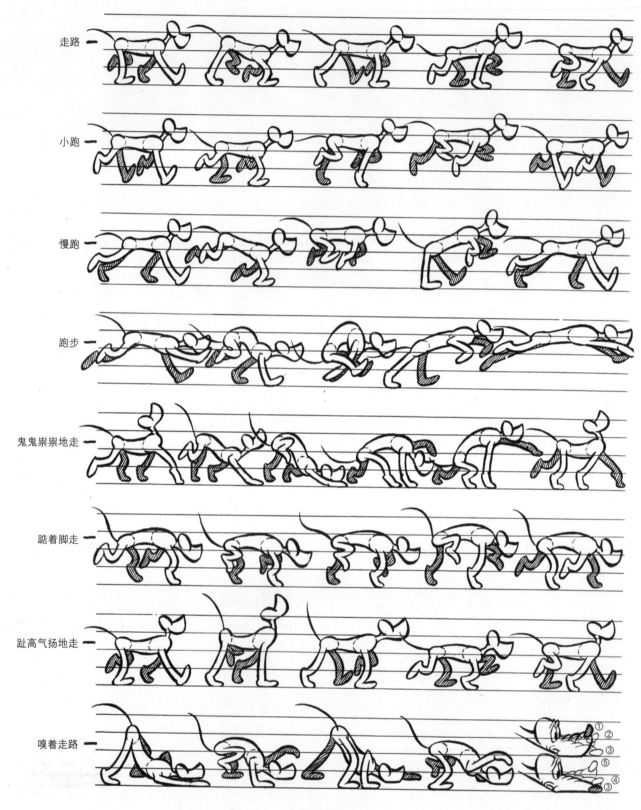

走路

小跑

慢跑

跑步

鬼鬼祟祟地走

踮着脚走

趾高气扬地走

嗅着走路

狗的动作设计

人和动物的正、背面的运动设计

《金猴降妖》的动作设计

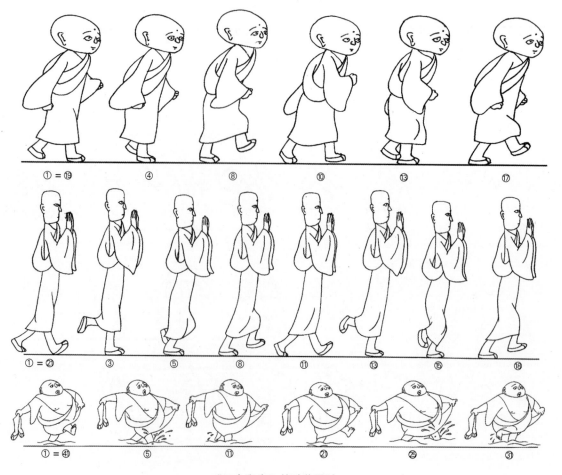

《三个和尚》的动作设计

参 考 文 献

[1] 理查德·威廉姆斯. 原动画基础教程——动画人的生存手册 [M]. 邓晓娥，译. 北京：中国青年出版社，2006.

[2] 哈罗德·威特克，约翰·哈拉斯. 动画时间的掌握 [M]. 陈士宏，译. 北京：中国电影出版社，2002.

[3] 严定宪，林文肖. 动画技法 [M]. 北京：中国电影出版社，2001.

[4] 贾否. 动画运动 [M]. 北京：中国传媒大学出版社，2005.

[5] 严定宪，林文肖. 动画导演基础与创作 [M]. 武汉：湖北美术出版社，2009.

[6] 塞尔西·卡马拉. 动画设计基础教学 [M]. 赵德明，译. 南宁：广西美术出版社，2009.

[7] 李杰. 原画设计 [M]. 北京：中国青年出版社，2009.

[8] 王亦飞. 动画运动规律 [M]. 沈阳：辽宁美术出版社，2004.

[9] 凯文·海德培斯. 美国动画素描基础 [M]. 熊剑，译. 上海：上海人民美术出版社，2013.

[10] 孙聪. 动画运动规律 [M]. 北京：清华大学出版社，2005.